成功する
システム開発は
裁判に学べ！

HANDBOOK FOR
SUCCESSFUL SYSTEMS
DEVELOPMENT

契約・要件定義・検収・下請け・著作権・情報漏えいで
失敗しないためのハンドブック

 http://www.atmarkit.co.jp/

本書は、アイティメディア社により運営されている「@IT」の連載『「訴えてやる！」の前に読む IT 訴訟徹底解説』の内容を元に、加筆・修正・再構成のうえ書籍化したものです。

免責

　本書に記載された内容は、情報の提供のみを目的としています。したがって、本書を用いた運用は、必ずお客様自身の責任と判断によって行ってください。これらの情報の運用の結果について、技術評論社および著者はいかなる責任も負いません。

　本書記載の情報は、刊行時のものを掲載していますので、ご利用時には、変更されている場合もあります。

商標、登録商標について

　本文中に記載されている製品の名称は、一般に関係各社の商標または登録商標です。なお、本文中では、TM、®などのマークは省略しています。

はじめに

「この機能まで開発するって言ったはずだ」
「それは次フェーズでやる約束でした」
「こんなに欠陥だらけのシステムに金は払えない」
「それは、そもそもオタクが要件変更をくり返してプロジェクトを乱すからです」

……数々のIT訴訟の判決文を読んでいると、こんな言葉の応酬が目に浮かんできます。こんなやりとり、ITシステム開発に携わる皆さんなら、1度や2度は聞いたり、もしかしたら、ご自身で経験されたこともあるかもしれません。

　そう。裁判になるような紛争と、通常のプロジェクトのトラブルの間には、大きな違いはないのです。というか、その原因や経緯は、ほぼ同じで、

　「どちらかが『訴えてやる！』と思ったかどうかだけの違い」

と言ってもよいでしょう。
　逆に言えば、裁判になってしまうプロジェクトは、ITシステム開発のための「反面教師」であり、裁判の判決を

研究して、その解決法を検討することは、自分のプロジェクトを成功に導くためにとても有効なことです。

　「ユーザーが要件を次々に追加してきたとき、ベンダーは、どんなことをしてプロジェクトを救うのか」
　「ユーザーにシステムを引き渡したとき、確実に費用の支払いをしてもらうためにはなにをすべきか」
　「下請けベンダーと上手に付き合うために必要なこととはなにか」
　「著作権でモメないためにはどうしたらよいか」

……そうしたことについてのヒントが、裁判の判決には、たくさん含まれています。
　また、この本は、アイティメディア社の運営するWebメディア「＠IT」の私の連載を元にしていますが、書籍化にあたって大幅に加筆し、連載にはなかった「情報漏えい」の項目も書き下ろしました。
　ここにある判例やノウハウを参考することで、ぜひ円滑で快適なITシステム開発プロジェクトを実施していただきたい、この本はそんな思いに基づいて書いています。

細川義洋

成功するシステム開発は裁判に学べ！

目 次
Contents

はじめに / p.3

Part 1 契約で地雷を踏まないためのポイント

1-1
要件定義も設計もしてもらいましたが、他社に発注します。もちろんお金は払いません！ / p.15

契約書がないプロジェクトは、訴訟のタネ / p.15

1億円の仕事も、他ベンダーにさらわれて大赤字に / p.17

契約書はなくても、ユーザーとベンダーとの合意は「文書化」して残すべき / p.18

合意文書には、「なぜ契約できないか」についても書いておく / p.21

1-2
採用通知＝正式契約、ですよね？ / p.24

「貴社を採用します」と言われて着手したのに、プロジェクトが中止に / p.24

いくら作業しても、採用通知だけではお金はもらえません！ / p.27

いざとなったら、逃げることも大切 / p.28

社内ルールで、アブない案件をふるいにかける / p.30

1-3
見積もりに合意してないから、要件追加分のお金は払いません！ / p.32

契約から無事に作業スタート、でも油断は禁物です / p.32

合意がないから、
費用を払う理由がない！？ / p.33

作業を続けてほしいユーザーと、
続けたいベンダー / p.34

見積もりをスルーされても、
お金がもらえることがある / p.35

最後は「エラい人」同士で
話し合ってもらう / p.37

1-4
締結5日前にユーザーが白紙撤回！
契約は成立？　不成立？ / p.41

"上"と"下"で言っていることが違うユーザー / p.41

わからないときは、"上"の意思を問う / p.45

契約までのリスクを負うべきは、だれか / p.46

Part 2
要件定義・変更の責任を理解する

2-1
ベンダーはどこまで
プロジェクト管理責任を負うべきか / p.53

いつまでも続く要件の変更・追加・削除……、
ついにプロジェクトが破綻 / p.53

「お客様の希望するとおりに」のプロらしさが、
じつは管理義務違反？！ / p.54

身銭を切ってでも、予算にはゆとりを持つ / p.59

プロとしての信頼が、最後にモノを言う / p.61

プロジェクト管理のための費用は8%~15% / p.62

2-2
最低限の知識も理解もないユーザーと
渡り合うには？ / p.64

協力義務があるといっても、
ユーザーにまったく知られていない現実 / p.64

"ソクラテス"のような会話術で
要件を聞き出せ / p.67

プロマネよりエラい責任者が、
体制づくりのキーパーソン / p.71

2-3
定型外業務も自主的に調べるのが
ベンダーの努めです / p.73

ユーザー独自の専門業務を理解する
高いハードル / p.73

ベンダーの常識だけでは、
ユーザーが使えるシステムは作れない / p.75

「裏メニュー」まで用意して、
成功したシステムとは / p.77

現場の「リアルな声」に隠れた
定型外業務を発見せよ / p.79

2-4
ユーザーが資料をくれないのは、
ベンダーの責任です / p.82

協力義務があるからといって、
任せきりではダメ / p.82

結局、必要な作業はだれができるのか？ / p.83

「ユーザーのお手伝い」まで
見積もりに織り込んでしまう / p.84

2-5
2年超も仕様が確定しないのは、
ベンダーの責任か？ / p.87

試作、修正、見積もり、
何度もそろえたのにOKしてくれない / p.87

スムーズに要件定義を完了するための
3つのポイント / p.90

Part 3

検収と瑕疵に
まつわる
誤解を知る

3-1
検収後に発覚した不具合の補修責任はどこまであるのか / p.97

1度OKをもらったのに、「やっぱり、こんなシステムにお金は払えません」 / p.97

検収書は、仕事を完了した証じゃないの？ / p.99

無事に支払いを受けるための4ステップ / p.101

3-2
不具合が残ってしまっても、うまくプロジェクトを完遂するためには？ / p.107

とりあえず使えるモノだったら、支払いが受けられるのか / p.107

モメずにプロジェクトを終える3つのポイント / p.109

「プロとして仕事をやり終えた」と言えるか？ / p.112

3-3
「契約不履行」と訴えられないようにベンダーがすべきこと / p.113

作業範囲はどこまで？すれ違いが無益なトラブルを生み出す / p.113

お互いが納得できる、作業と費用の見積もりのコツ / p.116

プロジェクト成功のカギは、「まだ決まっていないこと」 / p.119

技術者こそ、自分の作業を契約書で確認するべき / p.121

3-4
もしもシステムの欠陥により多額の損害賠償を求められたら / p.123

どんなに優秀でも、損害賠償の危険からは逃れられない / p.123

ベンダーの真価は、「不具合発覚後」に問われる / p.124

その不具合を損害賠償にしないための3つの工夫 / p.127

part 4 下請けと上手に付き合うには

4-1
**作業は丸投げ、支払いは？
──元請け vs. 下請け裁判の行方** / p.135

ユーザーよりもやっかいな、
ベンダー同士の醜い争い / p.135

使えないモノを作った下請けにも、
支払いをしなければならなかった！ / p.136

"丸投げ"だけなら、
元請けなんて価値がない / p.138

どんなに嫌われても口出しするのが
元請けの仕事 / p.139

4-2
**下請けが現場をトンズラ。
取り残された元請けの運命は？** / p.144

不満は少しずつ、
知らないうちにたまっていく / p.144

積もった不満が爆発、下請けは蒸発 / p.145

元請けと上司の板挟みになった、
下請けプロマネの苦悩 / p.147

「赤字か中止か」
判断できるのは上司だけ！ / p.148

エラい人同士の「大人の会話」で、
トラブル解決と生産性向上をねらえ / p.151

4-3
**契約では「設計以降」をお願いしていますが
「要件定義」もやってくださいね。
下請けなんだから** / p.153

パッケージソフト導入に潜む落とし穴 / p.153

下請けに任せた工程が大失敗。
それでも元請けの責任？ / p.155

「このソフト、よくわからないから任せるね」は
もう通用しない / p.158

part 5

著作権で保護される範囲を心得る

5-1
個性的ならOK？
──著作権法で守られるソフトウェアの条件とは / p.163

ソフトを真似されたのに、なにも違反にならない!? / p.163

独創性がなくても、とにかく個性が見えるモノならいい / p.166

ほしい権利は、契約書に書いておくべき / p.168

5-2
プログラムの「盗用」は本当に阻止できる？ / p.171

個性なんて求められない現実で、著作権はどうなるか / p.171

著作権を勝ち取った「パックマン事件」 / p.172

「個性があるか」の基準は、かなりあいまい / p.175

あとから権利でモメないための契約書モデル / p.177

5-3
業務で作成したソフトウェアの著作権はだれにあるのか？ / p.179

自分が作ったソフトを持ち出したら犯罪者!? / p.179

仕事で作ったモノは、会社のモノ / p.181

名前が書いていないモノは、だれの著作物でもない？ / p.183

作ったソフトの報酬は給与です / p.185

5-4
頭の中も著作権の対象になる？ / p.187

記憶に残るプログラムも、転職先では使えないのか / p.187

判断のポイントは、「似ていても仕方ないよ」と許されるかどうか / p.189

権利問題は複雑、だからこそ社内で話してみよう / p.191

part 6

情報漏えいとセキュリティの要所を押さえる

6-1
セキュリティ要件のないシステムから情報漏えい。その責任は？ / p.195

「システムの不備だ！」とベンダーを訴えるユーザー / p.195

要望どおりに作ったはずなのに、損害賠償1億円 / p.197

提言だけではダメ、セキュリティ対策がないシステムは未完成 / p.199

増え続ける攻撃に、いったいどこまで対策すればいいの？ / p.202

「備えあれば憂いなし」セキュリティ対策の5か条 / p.203

6-2
「お金も時間もありません」とセキュリティ対策を拒むユーザーに、どう渡り合うか？ / p.206

ユーザーの甘えが、情報漏えいを引き起こす / p.206

セキュリティ対策をしないのは、不法行為です / p.207

嫌われても言い続ける「プロ意識」を持つ / p.209

6-3
対策していてもリスクは0じゃない。万が一の賠償は、いくらになるの？ / p.211

相場は、1件あたり500円〜数千円の"罰金" / p.211

個人情報の価値は、種類によって差があることも / p.212

あなたのシステムの情報は、いくらですか？ / p.214

おわりに / p.217

索引 / p.220

Column

ITシステム開発に関わる民法の改正(1)
準委任契約でもプログラムを
納品物にできる？ / p.48

ITシステム開発に関わる民法の改正(2)
成果物の一部納品でも
費用の請求ができる？ / p.93

ITシステム開発に関わる民法の改正(3)
瑕疵担保責任の考え方 / p.131

part 1

契約で
地雷を踏まない
ためのポイント

1 契約 Agreement
2 要件定義 Requirement definition
3 検収 Acceptance
4 下請け Subcontract
5 著作権 Copyright
6 情報漏えい Information leakage

ITシステムの請負開発において、契約を巡るトラブルというのはたくさんありますが、特に問題が深刻になり、訴訟にまで発展する例が多いのは、「契約前の作業着手」を巡る問題です。

「正式な契約には時間がかかりそうだが、事実上、ほぼ合意しているので、開発を開始しておこう」

ITベンダーがこんなふうに考えて作業を始めたが、突然ユーザーから

「プロジェクトを中止する、契約はしない」

と言われて、損害を被るケースは少なくありません。

こんなことにならないために、ITベンダーはどんなことに心がけて、なにをしておくべきなのでしょうか。裁判所の判例を参考に考えてみましょう。

1-1
要件定義も設計もしてもらいましたが、他社に発注します。もちろんお金は払いません!

契約書がないプロジェクトは、訴訟のタネ

　いったん、ITシステム開発プロジェクトが始まってしまうと、モノづくりをする技術者やプロジェクトマネージャーの中には、その作業をどのような契約に基づいて実施しているのか、そもそもきちんとした契約自体存在するのか、といったことについて無頓着になってしまう人がいます。

　かく申す私自身も、システムエンジニアとして開発に参加していた頃は、そうした中の1人でした。実際に契約書などというものは、プロジェクト開始時に斜め読みする程度で、

　「このあたりは、営業や法務が見るものだろう」

などと考えて、よほどのことがない限り、読み返すようなことはありませんでした。

しかし、数々のトラブルプロジェクトやIT紛争を見ていると、じつは、契約書、あるいは契約に関する合意文書類がいいかげんだったために、ベンダー側が大きな損失を被るといったことは、いくつも見受けられます。

　一方で、正式な契約をきちんと結ぶには、それなりの時間がかかってしまいます。何ページにもわたる細かい文書について、ユーザーとベンダーが詰め、法務部門や経営層の了解も得ていく作業には、数週間、数ヶ月かかってしまうものもあり、最終的な合意を待って開発をスタートしたのでは、スケジュールが短すぎて、希望する納期になど間に合わなくなってしまうという問題もあるでしょう。

　そうはいっても、契約という合意なしに作業を進めることは、やはり危険です。契約内容について、ベンダー側が、

　「第1フェーズでは、A機能とB機能を開発するから1000万円、C機能は次期フェーズで開発するので別途見積もり」

と考え、ユーザー側が、

　「A、B、Cはこのフェーズで開発して1000万円、次期フェーズの機能は未確定」

と確信したきり、プロジェクトは進み、検収のときになって、双方が、「約束が違う」と大ゲンカになる例をいくつも見てきました。

1億円の仕事も、他ベンダーにさらわれて大赤字に

　それどころか、自分たちはシステムの完成まで作業ができると思っていたプロジェクトを、途中で、そっくり、他社のベンダーに持っていかれてしまった例もあります。

　これは、実際に東京地方裁判所で裁判（平成20年7月29日判決）になったプロジェクトの例ですが、あるインターネット通販会社（ユーザー）が、自社のシステム開発をソフト開発会社（ベンダー）に依頼しました。作業開始にあたって、両者間でシステム開発の基本契約書は締結されましたが、請負の範囲や金額、スケジュールを記した個別契約は、締結されていませんでした。

　"いつまでに、いくらで、なにをする"という約束なしの作業でしたが、プロジェクトの内部では、ユーザー側担当者とベンダーとの間で、そのあたりについて話し合いをしながら、プロジェクトは要件定義フェーズを終了しました。

　要件定義フェーズを終了すれば、ベンダーとしては後続工程に入りたいところです。まだ個別契約は結べていませんが、「それは手続きだけの問題だ」と設計作業を始め、ユーザー側担当者も、それを黙認していました。

　ただ、設計フェーズに入ってから、ユーザー側担当者は積極的にベンダーと契約や作業自体に関して話をしてきません。それでも、あとでスケジュールが遅れて苦しみたくないベンダーは、作業を継続していました。

　しかし、ある日、事態は思わぬ方向に動きました。なんとユーザー企業は、設計以降のフェーズを別のベンダーに発注してしまったのです。しかも、その設計には「ベンダーの作った要件定義書を使う」ということです。

ベンダーは、このプロジェクトを完成まで実施して1億円以上の売上を予定していました。これまでのユーザーとの話では、プロジェクトを要件定義フェーズで打ち切るなどという話はいっさいありませんでした。しかも、ベンダーは、すでに設計フェーズに入り、3800万円分の作業を行っていたのですが、ユーザー企業は、

　「それはベンダーが勝手にやったこと」

として、その分の費用の支払いを拒絶しました。
　こんなことをされてはたまらないと、ベンダーは裁判所に費用の支払いを求めて提訴したのですが、裁判の結果は、

　「要件定義の費用と設計費用の半額程度の支払いを命じる」

にとどまり、ベンダーは、大赤字と売上減という結果になってしまったのです。

契約書はなくても、ユーザーとベンダーとの合意は「文書化」して残すべき

　なぜ、こんなことになってしまったのでしょうか。
　原因は、やはり、双方がシステム完成までを視野に入れ、その範囲、金額、スケジュールなどについて合意した文書がなかったことです。双方が合意した事実を客観的に証明できるものがないことには、裁判所としても、「契約はなかった」と判断せざるをえません。どんなに担当者同士で

口約束をしても、やはり合意文書がないことには、こんな裏切りに近いとも言えるユーザーの豹変にも、対抗できないのです。

　ただ、ちょっと、ここで着目したい点があります。裁判所は、そんな中でも要件定義フェーズと設計フェーズの一部については、ユーザーに支払うように命じています。個別契約はないのに、なぜ、支払いを命じたのでしょうか。

　この点からいえるのは、

　「裁判所は、"契約書"という形式の文書にだけ拘泥しているわけではない」

ということです。

　この事件に限らず、裁判所は、両者の合意の有無を確認するために、プロジェクト内で作成されたさまざまな文書を確認します。ベンダーが提出したドキュメント類をユーザーが受け取った事実、それを同じくユーザーがレビューした痕跡、付随して作成してやり取りしたメモ類、作業に関して話し合った議事録や電子メールなどを、1つ1つ吟味しながら、双方の約束事がどこまで証明できるのかを検討し、判断するわけです。この事件でも、裁判所は、そのあたりを見極めて、

　「要件定義と設計の一部は、確かに事実上の契約に基づいて実施した」

と判断したわけです。

つまり、ユーザーとベンダーの約束事は、

「正式な契約書がなにもなくても、それ以外の文書（特に、開発の範囲、金額、スケジュール、その他条件について話し合い、合意したもの）があれば、契約と同じように扱える」

ということになります。仮に、なんらかの都合で契約書の締結が長引いたとしても、こうしたことをしっかりと文書化して残しておくことで、リスクを減じることはできるわけです。

　もちろん、契約書なしの作業自体を推奨するわけではありません。やはり、契約を結ばずに、あとになって、著作権の帰属や支払い条件など、通常、契約書でしか合意しない事項でモメる例も多々あります。ただ、

「お互いの社内プロセスや規定の関係で、正式契約締結に時間がかかる」
「今回は注文書と請け書のやり取りだけで作業をしたい」

という場合には、最低限でも、上述のような文書化が必要になってくるというわけです。

　逆に言えば、いくら契約書と銘打っていても、今回の基本契約書のように、開発の範囲、金額、スケジュールなどについて記載のないものは、金額請求のエビデンスとして脆弱です。基本契約は、プロジェクトの目的を双方が共有するなど、大切なものではありますが、「モノを作る」「それに対して、いくら払う」というベンダーとユーザーの役割・責任（民法でいう債権・債務）を、明確にするものではあ

りません。

　なお、蛇足ですが、いくら合意事項を文書にしても、そこに開発の範囲、金額、スケジュールがないようなら、作業は着手すべきではありません。いくらユーザーが「納期は決まっている」と言っても、その部分が未決のままでは、そもそもプロジェクトは成り立ちません。

合意文書には、「なぜ契約できないか」についても書いておく

　では、こうした合意文書には、どんなことを書いておくべきなのでしょうか。

　もちろん、ユーザー側の発注意思と期間、開発範囲、システム開発なら具備すべき機能や性能、納めるべき成果物と検収基準といったものは必要でしょう。作業を定義して、お互いの役割分担なども、決めておくべきです。

　このあたりについては、たとえば、経済産業省から出ている「情報システム・モデル取引・契約書」などを参考に、その時点で決められること、決めるべきことを知っておく[*1]とよいと思います。

　それと同時に、もう少し踏みこんで書いておくべきことがあります。それは、

　　「正式な契約を結べない原因と、その対処方針」

です。

　やはり、契約には契約書が必要です。契約書は、お互いの債権や債務を第三者から見ても理解できる形で書いたも

*1・http://www.meti.go.jp/policy/it_policy/softseibi/index.html#p02_01

のであり、それに勝る約束はありません。契約書をその時点で作れない原因を明らかにし、それを、いつまでに、だれが、どのように解決するかについて合意して、文書化しておくべきです。

たとえば、一部の要件が決まっていないなら、

「〇〇機能を対象とするかは未確定。これについては××月末までに、ユーザー企業が判断して通知し、ベンダーはそれに基づくプロジェクト計画と見積もり書を別途提出する」

などと決めて書いておきます。また、著作権の帰属など、直接作業の妨げにはならない契約書の条項について合意できない点があるときには、

「双方の法務部門で継続検討することとし、作業は始める」

と書いておくわけです。こうしておけば、少なくとも双方に契約する意志があることをお互いに確認でき、かつ、それが実現可能であるかも検証できます。

万が一、

「この契約については、社内規定上、契約書を作成できない」

というなら、代わりに取り交わす文書（注文書、発注書、請け書、覚書など）を定義し、そこになにを書くのかについて合

意すべきです。当然、書き込む事項は、これまで書いてきたような事柄なので、結局、契約書を書くのと変わらない手間になるかもしれません。もちろん、こうした合意自体も議事録などで残しておきます。

　民法をよく知る人であれば、

「たとえ口約束でも契約は成立する」

ということをご存知かもしれません。

　しかし、それは、あくまで、その約束があったということが証明されて、はじめて成立するのです。少なくとも、約束事が複雑であいまいになりやすいITシステム開発では、「口約束での作業など、危険この上ない」と私は思います。

1-2
採用通知＝正式採用、ですよね？

「貴社を採用します」と言われて着手したのに、プロジェクトが中止に

　前節では、ベンダーが契約できないまま作業をした結果、ユーザー側に裏切られたような形で、多額の損害を被った例をご紹介しました。しかし、ITシステム開発では、お互いにプロジェクト完遂まで、一緒にやっていこうという意志がありながら、結果的には契約を結べず、ユーザー・ベンダー双方に損害が出てしまう例もあります。ユーザーに対してベンダーが行った提案が採用され、プロジェクトに着手したけれども、金額で合意できずに中止してしまう例です。

　「採用は決まったけれど、正式契約は結べない。それでも、その交渉は営業に任せて、技術サイドとしては、プロジェクトを始めておこう」

　そのようにして始まったプロジェクトが破綻し、結果裁判になってしまった例（名古屋地方裁判所平成16年1月28日判決）があります。
　ある地方自治体が、税務・財務システム開発について入

札を行い、ベンダーを決定しました。自治体は、ベンダーに

　「貴社の提案を採用する」

という旨の通知（採用通知）を出しました。
　ただ、金額面では、財務システムについて合意したものの、税務システムについてはベンダーの見積もりが高すぎると合意できないという状態でした。
　この入札は、税務と財務を1つのシステムとして行ったので、税務だけ合意しない状態でも、全体の契約は結べません。それでも、両者は、

　「税務の金額については今後の交渉でやればいい」

と考え、財務側の開発からスタートし、順次リリースしていきました。しかし、税務側の金額交渉が、いつまでたってもまとまらず、最終的にはプロジェクトが中断してしまったのです。
　通常、こうした場合、ベンダー側が、費用の支払いを求めるのですが、なんせ契約を表す合意文書がないので、請求しようにも金額が定まりません。ベンダーが対応を検討している間に、ユーザーである自治体がベンダーを訴えました。

　「自分たちは、システム開発のために多大な労力と工数を費やしてきた。それをベンダーが不当に高い見積もりを行ってプロジェクトを潰し、自治体側に多大な損害をもた

らした」

と言うのです。
　一方、ベンダーは、

「自分たちは採用通知を受け取ったが、契約はしていない。だから、システムを完成させる義務はないし、プロジェクトを中止させたとしても、それによる損害など賠償する義理はない」

と反論します。
　「高すぎる見積もりがプロジェクトを潰した」という自治体の言い分には、ちょっと首をかしげてしまうのですが、争点はそこではなく、

「そもそも、"採用通知＝契約"か」

という点です。
　裁判では、このことを巡って、激しい応酬があったようですが、結局、裁判所は、次のように判断しました。

「採用通知を出したからといって、契約とはならない」

　採用通知は、あくまで、ユーザー側が採用したい旨を通知するだけのもので、必ず契約を結ぶと約束するものではありません。就職のときに、「採用通知」をもらっても、内定者は、これを断ることができるし、採用側も場合によって、取り消すことができるのと同じで、その後の条件交

渉でうまくいかなければ、取り消してしまうことができます。"採用通知＝契約"ではないのです。

いくら作業しても、
採用通知だけではお金はもらえません！

　この事例は、ユーザーである自治体側が、契約の成立を訴えましたが、こうした例はまれかもしれません。通常は、ベンダーが

「契約は成立しており、作業を行ったのだから、費用を払え」

と訴え、ユーザーは契約不成立を理由にこれを拒むというほうが、ありそうです。"採用通知は契約ではない"という考えに困惑するのは、ベンダーのほうが多いのではないでしょうか？

「採用通知が来たからには大丈夫だろう」

と、一生懸命に働き、工数を費やして成果物を作っても、採用通知だけでは、ユーザーにはお金を払う義務は発生していません。プロジェクトが失敗して損害が出ても、その原因がどちらにあるかによらず、賠償を求めることが、原則的には難しいということになります。

　プロジェクトでよくあるように、たとえば、ユーザーがいつまでも要件を決めなかったり、まちがった情報をベンダーに渡していたりしても、採用通知だけでは、その責任

をユーザーに求めることができないのです。

いざとなったら、逃げることも大切

　では、こうしたことを避けるために、ベンダーは、どんなことに注意しておくべきでしょうか。
　もちろん、

「採用通知だけでは、作業に着手しない」

という原則はあります。しかし、現実には、スケジュールの関係で、そうも言っていられないこともあります。
　そんなとき、ベンダーに必要なことは、

「いざとなったら、傷の浅いうちに逃げよう」

と社内でコンセンサスを得ておくことです。
　前述のとおり、"採用通知"をもらっただけの状態なら、契約は成立していません。提案時の金額やスケジュール、機能などの条件について、ユーザー側が異を唱えるなら、それを理由に契約しないという選択肢はあるわけです。
　ただ、実際、そのプロジェクトの当事者になってみると、なかなか、そうしたドライな判断はできないものです。

「値引きをすれば、ユーザーも合意してくれるのか」
「もう少し、お客さんの検討を待ってみよう」

と思ったりして、ズルズルと契約交渉を延ばしてしまうこ

とが実際にはあります。一生懸命に取ってきた受注ですから、そうかんたんに諦めたくはありません。

しかし、そうこうしている間に、期間がなくなっていくし、確保したエンジニアを遊ばせておくわけにもいかないと、見切り発車で作業をしてしまうと、この例のように、双方が損害を受けてしまうこともあります。

なので、

「採用通知は来たが、契約条件について合意に時間がかかりそうだ」

となるなら、最初から、これ以上はダメだという限度を設定しておくべきです。プロジェクトの当事者だけでなく、その上位者や、場合によっては経営層、そのほか社内の関連部署と相談し、限界となる値引き額や、納期を守るために最遅の契約時期を定めておき、それらを超えたら自動的に、契約はしないという判断をできるようにします。

こうした基準については、提案の当事者である営業担当やプロジェクトマネージャーよりも、客観的に見ている周囲のほうが厳しく設定できます。当事者というのは、どうしても、プロジェクトを続けたいという思いが勝ってしまうので、ここは、周囲の人間に従っておくべきでしょう。

「値引き額は1000万円まで、見積もりの有効期限は1ヶ月。そのどちらかを越えたら、この契約はなし」

といったコンセンサスをしっかりと取っておくことで、万が一のとき、被害を最小限に抑えられます。

社内ルールで、アブない案件をふるいにかける

　こうした基準の設定は、できれば社内ルールとして決めておくべきです。

　たとえば、あるITベンダーでは、値引きについての基準が社内で厳密に定まっています。プロジェクトのタイプと規模により、

　「この案件では、どこまで値引きが許されるのか」

が自動的に決まるのです。これを超えての値引きは、社内規定違反として処罰の対象になるので、担当者はこれ以上の交渉ができなくなるわけです。

　最大の値引き額を提示して、相手が受けてくれないなら、商談はそこで終わり。無駄な交渉をせず、比較的スピーディーに物事が決まってしまうので、プロジェクト開始前か傷の浅いうちに、商談が終わるというしくみです。もちろん、見積もりの有効期限についても、これを遵守するように定まっています。

　ある意味、その判断にあたっては、そこに担当者の見込みや情熱が入り込むことはありません。もしかしたら、そのせいで、本来粘れば取れた案件もあったかもしれません。

　しかし、この例のように、ズルズルと作業をして損害を出せば、それを埋めるためには、その10倍程度の額の新規受注を得る必要があります。会社全体としてどちらが安全であるかは、自明のことです。

　この会社は、こうしたしくみで、それなりに失注はあっても、受注のないまま作業を行って、お金を取れずに終わ

ることを避けています。

　大切なことは、組織として、属人的な判断を排除する方針や基準を立てることです。ぜひ、自社にそうしたしくみがあるか確認してみてはいかがでしょうか。そして、もし、そうしたものがないようなら、社内のルール作りを提言してみるのもよいかと思います。

1-3
見積もりに合意してないから、要件追加分のお金は払いません!

**契約から無事に作業スタート、
でも油断は禁物です**

　本章では、ここまで、作業着手と契約の関係について、例を挙げてお話ししてきました。ただ、正式に統計をとったわけではありませんが、ITシステム開発の見積もりと契約に関するトラブルの中で最も多いのは、むしろ、契約後のプロジェクト実施中に発生する"要件の追加・変更"に関係することではないでしょうか。

　「開発を行っている途中で、ユーザーが機能の要件や変更を依頼してくる」
　「時間がないので作業は行うが、その費用については合意しないまま作業が進む」
　「ひととおり終えると、ユーザーは『追加見積もりに同意しておらず、契約が成立していないのだからお金は払わない』と言って紛争になってしまう」

　そんな例が、以前から、そして今でも、かなり多く見ら

れます。

実際の例で見ると、たとえば、東京地裁で判決（平成15年5月8日）が出た裁判があります。

あるソフトウェア開発業者が、通信販売業者の販売管理システム開発を6500万円で受託しました。しかし、プロジェクトが始まってみると、通信販売業者が、開始当初から多項目にわたる機能の修正・改善要求を出し続け、開発業者は多額の費用をかけて対応しました。

それでも、一応、システムはできあがったのですが、開発業者が出した追加費用3150万円の見積書に、通信販売業者が同意せず、費用を支払いませんでした。そんな裁判です。

合意がないから、費用を払う理由がない！？

「いくら見積もりに合意できていないからって、作業はしてるんだし、納品もしたんだから、まったく払わないなんてありえない」

そんなふうにお考えの読者もいらっしゃるかもしれませんね。私自身も、この判例を見たときには、率直にそう思いました。

ただ、民法上の考えからすれば、通信業者側にも一応の理屈はあります。かんたんに言えば、

「契約が成立していないのだから、費用を払う"理由"がない」

という論です。

「自分たちは、開発業者から提示された追加費用3150万円の見積もりには合意していない。だから、支払いをしようにも、なにに対してそうなるのか、その根拠がない」

という理屈です。
　確かに、民法の請負契約を調べてみても、支払いは双方の合意・契約が前提になっています。法律まで持ち出さなくても、一般的な商慣習からして、

「金額について合意していないのに仕事をすること自体がおかしい」

となってしまうのかもしれません。
　たとえば、これが家を建てる大工さんとの契約なら、着手後に施主が「やっぱり、もう1つ部屋を作ってほしいなあ」と要求しても、すぐに作業をしないでしょう。正式なものであれ、概算であれ、必要な追加費用を見積もり、それに施主が合意するまでは、作業などしないはずです。双方の安全を考えても、請負契約とは、本来そうあるべきものなのかもしれません。

作業を続けてほしいユーザーと、続けたいベンダー

「だから、正式な契約変更なしに、作業なんてすべきじゃない。追加見積もりに合意しないなら、指一本動かすべきじゃないんだ」

そんなことを言う人もいるかもしれませんね。私も、この章の中で、「原則として契約のない作業は慎むべきだ」と書きました。

ただ、実際に走っているプロジェクトの現場に身を置いていると、そんなことは理想論にすぎないと思ってしまうこともあります。

そもそもITシステム開発というのは、プロジェクト中に要件の不足や誤りに気づくことは日常茶飯事で、小規模な追加や変更は、毎日のように発生します。そのたびに、新しい契約を結ぶなど、現実的ではありません。大規模な変更については、さすがに契約変更を考慮しますが、それでも、それが成立するまで作業を止めていたら、スケジュールは守れません。

納期遅延だけなら、ユーザー側が我慢すれば済むこともありますが、プロジェクトが中断している間、なにもしないエンジニアにも費用は発生し続けるので、ベンダーのコストを考えても、契約のために作業を中断するとコスト面で大きな痛手になります。

ユーザーとベンダーのどちらもが、作業を継続したいと考えているわけですから、実際には、作業を中断するプロジェクトは少数派ではないでしょうか。

見積もりをスルーされても、お金がもらえることがある

そういう事情もくんでか、裁判所は、この件に関して、かなりベンダー寄りの判決を下しました。この部分は、ベ

ンダーとして覚えておいたほうがよい内容です。
　裁判所は、まず、

「ソフトウェア開発においては、より良いシステムを求めて要件の追加・変更があるのは当然だ」

と前置きをしたあと、

「もしベンダーから追加の見積もりがあったとき、ユーザーが、それを明示的に断るか限度額を提示しない限り、ユーザー側に支払いの義務がある」

と言っています。
　これは、IT業界独特の考え方かもしれません。大工さんに「お客さん、部屋をもう1つだと、あと100万円かかるけど、どうする？」と聞かれた施主が、「うーん」と黙っている間に、大工さんがドアを作ってしまったとき、施主が明確に断らなかったから費用を払わなければならない、といったことは、通常、考えられません。このあたり、裁判所も最近はずいぶんとITシステム開発の現場というものがわかってきたようです。

「ベンダーの追加見積もりを塩漬けにしたら、費用を払うべき」

そう言ってもいいかもしれません。
　1つ補足をすると、それでも民法上は、ユーザーである通信販売業者側の言うとおり、契約のない作業に費用を払

う理由はありません。そのあたりを裁判所は、どのように判断したでしょうか。

裁判所は、民法とは別の法律を持ち出して、費用支払いの理由はあると判断しました。それが、この法律です。

> （商法　第512条）
> 商人がその営業の範囲内において他人のために行為をしたときは、相当な報酬を請求することができる。

IT訴訟の判例に、この法律が出てくるのは珍しいのですが、ベンダーとして覚えておいても損はありません。追加作業について、契約しなくても費用をもらえる1つの理由になります。

ただ、実際には、"商人"、"営業の範囲内"、"他人のための行為"など、この法律を適用できる条件をクリアできるかどうか、場合によりけりなので、いつもこの法律を盾に費用を請求できるわけではないことも、合わせて覚えておいてください。「商法512条を理由にすれば、見積もりに合意しなくても、必ず費用は取れる」などとかんたんに考えるのは、ちょっと短絡的です。

最後は「エラい人」同士で話し合ってもらう

ここまで、要件の追加・変更があった際、ベンダーは、見積もり合意前でも費用を請求できる場合があることをお話ししました。ただ、いつも、このとおり、ベンダー側に

有利に事が運ぶわけではありません。この例でも、ユーザー側が、

「この金額ではダメ、1000万円以下にして」

とはっきり言っていたら、事情はずいぶんと変わってしまったはずです。
　そもそも、こんなことを巡って裁判になってしまっては、たとえ勝っても、ベンダーの今後の商売に影響が出ることでしょう。やはり、ITベンダーとしては、そもそも、こんなことにならないように、プロジェクト開始時点で、しかるべき手を打っておくべきです。
　この事件の場合、私が欠落していたと思うのは、ステアリングコミッティの存在です。ステアリングコミッティという言葉には、いくつかの解釈があるようですが、ここでは、

「ユーザー側とベンダー側の責任者（プロジェクトのスケジュールと費用、大きな機能変更を承諾できる権限のある人）が相談する場」

と考えてください。
　この事件をよく見ると、ユーザーとベンダーの担当者が、プロジェクトのコストと機能を守ることを前提に話し合って来たため、両者が合意する解がなくて、紛争にまで発展してしまいました。

「ユーザー側担当者の要望する機能改善をやろうとする

なら、コスト増が必要となる」

「それは、ユーザーとベンダーのどちらが、どれだけ譲歩するのか」

双方の担当者同士では、こうしたことを判断する権限がありません。各々が、会社に持ち帰って上司に相談しても、その上司自身にプロジェクトの金額、納期、重要な要件を変更する社内的な権限がなければ、「なんとか相手を説得しろ」と言われるのが関の山です。

しかし、しかるべき権限を持ち、場合によってはプロジェクトを中止してしまう権限を持つ責任者（たいがい、社内のエラい人です）同士が、顔を合わせて話し合うステアリングコミッティを組織して、プロジェクト継続の可否や双方の妥協点について話し合えば、なんらかの答えが見つかります。

たとえば、大手メガバンク同士の合併に伴い、お互いのシステムを統合するプロジェクトが、途中で中断し、数年間延期されたことがありました。この英断は、双方の経営陣同士が相談したからこそできたことです。ユーザー側システムの担当者とプロジェクトマネージャーでは、こんな判断はできなかったでしょう。

「中断の際に発生する多額の損失やイメージダウン、そうしたものを飲み込んででも、安全なシステム移行のために、さらなる方式検討を指示する」

などということは、トップ同士の話し合い（ステアリングコミッティ）の場でなければ、到底なしえません。

「問題解決は銀座の夜で」

　そんな言葉を聞いたことがありますが、ITシステム開発の現場でも、エラい人たちが1回ミーティングをすることで、みんなが数ヶ月悩んできたことが、一気に解決することは珍しくありません。

1-4
締結5日前にユーザーが白紙撤回！契約は成立？不成立？

"上"と"下"で言っていることが違うユーザー

　この章では、システム開発契約の成否について考えてきました。ITシステム開発の場合、正式な契約書を取り交わさずに作業することが多くあり、「本当に契約が成立していたかどうか」を巡って紛争になることが多いということを、いくつかの判例を基にお話ししてきました。どの問題も、突き詰めると、ユーザーとベンダーの合意がポイントだったわけです。

　「開発の金額やスケジュール、主要機能について、文書などできちんと合意する」
　「合意がうまくいきそうになければ、ステアリングコミッティに相談してもらったり、最悪はプロジェクトをやめたりするのも、組織を守るうえでは必要だ」

　そんなことをお話ししてきました。
　しかし、これらの話には、1点、前提事項があります。それは、

「ユーザー側が、良きにつけ悪しきにつけ、一枚岩となっていて、上層部から担当者に至るまで、契約についての意志を同じくしている」

ということです。

しかし、ユーザーの中には、これが一枚岩でないケースもあります。システム担当者は「契約をしてプロジェクトをベンダーと一緒に進めたい」と思っているのに、上層部は別のことを考えている。そんな事例もあります。

こうした件について、私が最も印象に残っている判例（東京地方裁判所平成20年9月30日判決）は、

「ユーザーが、正式契約の5日前に、突如、ベンダーに発注しない旨を伝えてきた」

というものです。

自社のシステム開発を企画し、あるベンダーと契約交渉をしていた、自動車販売会社がありました。商談は、提案依頼から提案と見積もりまで順調に進み、自動車販売会社のシステム担当者とベンダーの間では、正式契約締結の日程調整をするまでになっていました。

ベンダーは、「ここまで話が進めばもう安心」と契約前に作業を開始しました。ご多分に漏れず、この開発もスケジュールには余裕がなく、一刻も早く着手したかったようです。ベンダーは粛々と開発を進めていました。

ところが、作業が設計段階に進んだとき、ようやく決まった正式契約締結日付の5日前になって、自動車販売会

社がベンダーに発注しない旨を伝えてきました。自社の関連企業に発注することにしたというのです。

当然、ベンダーは怒り、裁判所に訴えます。

「正式契約の日程まで決めるということは、発注の意志を自分たちに伝えたということではないか。これは事実上の発注だし、それがあると信じたからこそ、自分たちは作業を行っていたのだ」

ユーザーのほうは、「それでも正式な契約は成立していない」と反論します。そして、ベンダーにとってショックだったのは、ユーザー側が、次のように主張したことです。

「貴社と契約することを社の上層部は承知していない。システム担当者は契約承認が上層部にもらえそうだとは話したが、それをもって正式契約の意志とはならないはずだ」

要するに、ベンダーはユーザー側担当者の言葉だけを盲信していたにすぎなかったのです。

「契約の日程調整は、もし、社内のコンセンサスが取れたら、すぐにやろうというだけのことだった」

というわけです。ベンダーは、ユーザー側社内の温度差に気づいていなかったということになります。

残念ながら裁判所も、この契約の成立を認めませんでした。理由としては、次のようなものです。

「契約書は修正中で、確定していない」
「正式契約前の作業は自動車販売会社側から求めたわけではない」
「ユーザー側の上層部が契約を承認したか確かでない」

　さて、あなたはこの判決について、どう思いますか？ 当然と考えるでしょうか？　それとも、ユーザーはベンダーをだましたに等しいのではないかと憤慨したでしょうか？
　私は、ちょっと複雑な思いです。感情的には、ここまで苦労をしてやっと受注できそうになったところへ、「○月○日には契約しましょう」と言われれば、いやでも気分は盛り上がり、「じゃあ、作業を始めよう」というのも仕方ない気がします。
　すでに、プロジェクト計画や要件について打ち合わせを重ね、

「あとは、形式的な稟議だけ」
「法務部門の契約書チェックが終われば」
「来年４月に稼働したいから、今月中には要件を固めたい」

……商談を続けてきた顧客からこんなことを言われれば、私だって作業を始めてしまったかもしれません。
　しかし、一方で、冷静に見ると、

「とにもかくにも、契約に合意した文書はなく、しかも、

上層部がじつは承認しているのかわからない」

という状況では、ユーザー側担当者が前向きなことを、どれだけ言ったとしても、やはり、なにもすべきではなかったという思いもあります。

わからないときは、"上"の意思を問う

この件については、ベンダー側がユーザー側担当者の前向きな発言を過大に解釈したのが問題でした。しかし、実際、現場で会話をしていると、ユーザー側が"Go"と言っているのか、"まだ"と言っているのか、わからないことも少なくありません。この例もきっと、そうだったのだと思います。

そんなとき、ベンダー側が行うべきことは、ユーザー側担当者の言葉の意味を考え続けることではなく、別のルートでユーザー組織の意思を確認することです。つまり、担当者ではなく、プロジェクトのオーナー（ここでいう上層部）の意思です。

もちろん、このケースの場合、ベンダーに発注を期待させる言動をしていたユーザー側担当者には、それなりの責任があるかもしれません。しかし、人間の言葉や心というのは、あいまいなものです。そんな責任を問うよりも、本当にお金を出す責任者である上層部の意思を確認すべきでした。

理想的には、双方の経営層（あるいはトップ同士）など、複数のルートでユーザー企業の発注意思を確認し、その理解に食い違いや相違点がないことを確認できれば、あとにな

って、「そんなの知らないよ」と言われずに済むことでしょう。

そこまでしなくても、とにかく、システム開発の可否を決定する権限者に直接確認することだけは、怠らないことです。よほど小さなシステムでもない限り、

「ユーザーのシステム担当者には、契約の成否を判断する権限はない」

と思っておいたほうがよさそうです。

契約までのリスクを負うべきは、だれか

最後に、この章のまとめとして、ベンダーの皆さまに申し上げたいのは、

「もし、契約前に作業を行うなら、(もちろん、原則としてやるべきではありませんが、) その間、ユーザーはベンダーに対して、なにも約束していない」

ということです。

この節の例のように、ユーザー企業の担当者の中には、「もう、発注はまちがいないから」と、ベンダーに作業を急がせる人もいます。多くの場合、本人も「発注して問題ないだろう」と考えていますので、悪意があるわけでもありません。

しかし、そんなときでも、もし、問題が発生したとき、ユーザーはなんの責任も取ってくれません。契約ができず

にベンダーが大損をしようと、タイトな作業でメンバーが病気になろうと、ユーザーは、少なくとも法的には、なんの責任もありません。すべては、"勝手に"作業をしたベンダーの責任です。

　もし、契約前作業を行うなら、それくらいの覚悟を持ち、ベンダー社内のコンセンサスも得て行うべきでしょう。

　逆にいえば、正式な契約が成立するまで、ベンダーはユーザーに対してなんの債務も負っていません。契約が遅れたことにより開発着手が遅れ、結果的に期待した時期に本稼働できなかったとしても、そのリスクを負うのはユーザーというのが原則です。

　このあたりは、日本のベンダーは少し親切すぎるところもあり、「スケジュールが遅れてお客さんが困るなら」と、先行して作業をやってしまいがちです。もちろん、それは親切心からだけではないでしょう。顧客満足度向上のためかもしれません。

　しかし、この章でお話ししたとおり、焦って作業をした結果、顧客満足度を上げるどころか、訴訟という最悪の結果に陥るケースも数多くあります。

　ユーザーの希望納期を叶えるためにベンダーがなすべきことは、先行して作業を行うことではなく、限られた時間に工数を集中させることと、ユーザー側に強く、

「この時期までに契約してくれないと納期が守れません」

と明言することでしょう。考えてみれば当然ですが、契約前のリスクはユーザーが持つべきです。

COLUMN

ITシステム開発に関わる民法の改正（1）準委任契約でもプログラムを納品物にできる？

2017年、約120年ぶりとなる大規模な民法の改正案が国会で成立する見込みとなりました。これらの中には、ITシステム開発契約に関する改正も含まれているので、かんたんではありますが、解説したいと思います。

準委任契約といえば、受注者は成果物の納品を発注者に約束せず、次のことが支払いを受ける条件になります。

「必要なスキル・知識を持った人間が、一定の時間、発注者から任された仕事を真摯(しんし)に行うこと」

極端な話、ちゃんと作業をしていれば、システムができようとできまいと関係なく、費用の請求ができるわけです。

ところが、民法改正案には、こんな条文が登場しました。

（成果などに対する報酬）
第648条の2
委託事務の履行により得られる成果に対して報酬を支払うことを約した場合において、その成果が引き渡しを要するときは、報酬は、その成果の引き渡しと同時に、支

払われなければならない。

　これを見ると、次のように読めます。

　「準委任契約であっても、成果（成果物）の引き渡しを支払い条件とすることが可能になった」

　もちろん、「必ずそうしなくてはならない」ということではなく、「成果物を支払いの条件にする契約でもよい」ということなので、ある意味、選択肢が広がったことになります。

　私も、準委任契約でシステム開発を行ったことがありますが、実際のところ、いくら準委任契約でも、システムが完成しないうちに現場を引き揚げて費用を請求することなど、ほとんどできません。「専門家が一定の時間、きちんと仕事をしました」などと言っても、システムが未完成では、やはりお金などもらえないものです。

　その意味では、成果物を支払いの対象にしてもらったほうが、現実的です。このあたりの改正は、システム開発の現場の事情を意識してのことかもしれません。

Part 2

要件定義・変更の責任を理解する

1 契約 Agreement
2 要件定義 Requirement definition
3 検収 Acceptance
4 下請け Subcontract
5 著作権 Copyright
6 情報漏えい Information leakage

要件定義は、システム開発の中でも、特に紛争の元になりやすい工程です。システムに実装する機能や性能、それによって実現する業務について、ユーザーとベンダーが十分に意識を共有していないと、あとになってから、

「あの機能がないじゃないか」
「そんな機能を作るとは言っていません」

と、もめ事になり、揚げ句の果てに、裁判所で激しいののしり合いをすることになってしまいます。
要件定義に関わるトラブルにはどんなものがあり、それを回避するためにはなにをすべきなのか、考えてみたいと思います。

2-1 ベンダーはどこまでプロジェクト管理義務を負うべきか

いつまでも続く要件の追加・変更・削除……、ついにプロジェクトが破綻

　ソフトウェアを開発するとき、いったん要件を凍結したはずなのに、ユーザー側から、次々とその変更や追加を求められて、プロジェクトが混乱することは珍しくありません。

　「開発の範囲や機能を決め、予算やスケジュールにも合意して作業を開始したはずなのに、ユーザー側から『やっぱり、こうして』と次々に要望がやってくる」
　「それでも、なんとか対応しているうちに、現場が混乱して、結果、コストオーバーや納期遅延、最悪の場合プロジェクトの中断にまで至ってしまう」

　こんな経験を持つ方は、少なくないでしょう。
　こうした「ユーザーによる機能追加・変更」を発端にしたトラブルプロジェクトは、問題がこじれて裁判にまでなってしまうことも、少なくありません。

有名な判例としては、ある健康保険組合（原告健保）とソフトウェア開発ベンダー（被告ベンダー）の訴訟（東京地方裁判所平成16年3月10日判決）があります。

　原告健保は被告ベンダーに、基幹業務システムの開発委託を約1年半のスケジュールで発注しましたが、プロジェクトの進行は大幅に遅れ、当初予定していた納期から数ヶ月を過ぎても、リリースの見込みが立ちませんでした。そのため、原告健保側が契約を解除し、それまでに支払った代金2億5千万円の返却と損害賠償3億4千万円の支払いを求めたのです。

　訴えられたベンダーの言い分によると、プロジェクトが頓挫した原因は、

　「いったん決まったはずの要件を、原告健保がプロジェクト中に変え続けた」
　「ユーザー側が対応方針を決定すべきいくつもの懸案事項について、いくら待っても決定してくれなかった」

ということのようです。当然、被告ベンダー側も黙ってはおらず、原告健保に約4億6千万円の支払いを求める反訴を起こしました。

「お客様の希望するとおりに」のプロらしさが、じつは管理義務違反？！

　この裁判、どちらが勝訴したでしょうか？　もしあなたがITベンダーで働いている方なら、当然、被告側の勝訴を予測されるかもしれませんね。

「プロジェクトを一方的に混乱させたのは原告健保のほうであって、被告ベンダー側は、ただ、それに振り回された被害者だ」

そんなふうに見えるかもしれません。
ところが、裁判の結果は、原告健保側の勝利でした。裁判所は、「プロジェクト失敗の原因はITベンダー側にある」として、支払い済み代金の返還と損害賠償の支払いを命じたのです。
パッと見た目は、ユーザーのワガママが原因でプロジェクトが失敗したように見えますが、いったいどういうことでしょうか？
ポイントは、このプロジェクトにおいて、

「ユーザーである原告健保はITシステム開発の素人であり、ベンダーは専門家だった」

ということです。裁判所は、「この問題は、被告ベンダーが専門家としての責任を果たさなかったことによって起きた」と判断しました。ちょっと堅い文章になりますが、大切な部分ですので、判決文の一部を、そのまま紹介します。

> 被告ベンダーは、自らの有する高度の専門知識と経験に基づき、本件電算システムを完成させる債務を負っていたものであり、開発方法と手順、作業工程などに従って開発を進めるとともに常に進捗状況を管理し、システム開発に

ついて専門的な知識を有しない原告健保のシステム開発へのかかわりを管理し、原告健保によって開発作業を阻害する行為がないように原告健保に働きかける義務を負う。

かんたんに言うと、こういうことです。

「ITシステム開発の専門家であるベンダーには、素人であるユーザーがプロジェクトの進行を阻害しないように、うまくコントロールする"義務"がある」

たとえばユーザーが、プロジェクトの費用、スケジュール、主要な機能に影響するような、大きな変更を求めてきたら、「このままではプロジェクトを予定どおりに進めることができない」と説明したうえで、費用の増額、スケジュールの変更、要求の撤回などを求めなければならないと、裁判所は言っています。

これを理解するために、大工さんの仕事をイメージしてみましょう。施主が、大工さんに頼んで家を建てるとき、もう柱も屋根もできている状態で、「やっぱり、もう1つ部屋がほしいなあ」と言ったとします。すると大工さんは、当然、「いまさら無理だよ。どうしてもって言うなら、引き渡しが3ヶ月延びるよ。お金も、あと300万円はかかるよ。あと1週間もしたら、もう設計は変えられなくなるから、それまでに、もう1度考えてみてくれる？」と、そんなことを言うでしょうね。

裁判所の判断は、この大工さんのように、

「専門家として、素人であるユーザーに機能追加の影響

を伝え、再検討を要求することが、ベンダーには求められる」

ということです。

　こうしたことは、一般に、"ベンダーのプロジェクト管理義務"と呼ばれます。これを怠ったベンダーは、"不法行為"として損害賠償を求められるのです。

「お客さんが望んでいることを叶えるのがベンダーの役割だ、なんとか頑張ろう」

　こういう、一見、プロフェッショナルらしい考え方が、じつは管理義務違反だというのですから、ちょっとびっくりしますね。この判決以降、この"プロジェクト管理義務"という言葉が、あちこちの裁判で頻繁に見られるようになりました。
　しかし、先ほどの大工さんのように、「専門家としてプロジェクト管理義務を果たす」ということは、ほかの業界において、あたりまえに行われています。
　オーダーメイドで服を作る洋服屋さんだって、作業着手後に、「この襟、もう少し大きくして」と言われれば、費用とコストを追加するでしょう。注文した料理をコックさんが作り始めてしまったら、いまさら、「魚料理を肉に変えて」とは言えません。無理強いしたら、両方の料理が出てきて、お金も2倍取られることでしょう。

「追加・変更された要望が技術的に可能か」
「スケジュールやコストに影響するのか」

といったことは、専門家でないとわかりません。ユーザーがある意味無邪気に要望してくることに反対したり、条件をつけたりして、プロジェクトを安全に運営することは、プロであるベンダーにしかできないことです。それが、裁判所の言う"プロジェクト管理義務"の考え方です。

　「ちょっと厳しい。お客さん相手に、そんなこと言えないよ」

と考えるベンダーもいるかもしれません。しかし、安請け合いをして失敗したプロジェクトが悲惨な目にあうのは、この判例の事件だけではありません。逆に、ユーザーに対して「できないものはできない」と毅然とした態度で臨むベンダーの成功事例は、いくつもあります。
　この判例は、ITベンダーに対して、

　「もっとプロとしての矜持を持って仕事をするように」

という一種の警鐘であったように、私には思えます。
　ただ、1つだけ補足をしておきたいことがあります。この判決を見る限り、ベンダーに求められるのは、こうした「要求をすること」であって、「ユーザーがその要求どおりに行動すること」までは含んでいません。

　「ベンダーがいくら説明してもユーザーが受け入れない」
　「追加費用の見積もりは出したのに、ユーザーは無視している」

そんなときでも責任がベンダーにあるとは、この判決は言っていません。ユーザーに断られようと、「とにかく要求だけはする」という姿勢そのものが、プロジェクト管理義務であると考えられます。

身銭を切ってても、予算にはゆとりを持つ

とはいえ、現実の"商売"を考えると、こうした要求をベンダーが"お客様"に対して行うことは難しい場合もあります。たとえば、ユーザー自身がスケジュールやコストに余裕を持っていない場合です。

本来、システム開発は、かなりの割合で当初のコストやスケジュールをオーバーするので、ユーザーも、プロジェクト計画の時点では、コストと予算に、それなりの余裕を持たなければいけません。しかし、実際には、お金も時間もギリギリの中、ベンダーに作業を依頼するケースのほうが多数派でしょう。そんな状態では、プロジェクト実施中にベンダーが納期延長やコスト追加を申し出ても、なかなか首を縦には振ってくれないものです。

「無い袖は振れない、でも、機能追加はやってほしい」

ずいぶんと都合の良い言い分にも聞こえますが、実際にこうした態度をとるユーザーは少なくないでしょう。

もちろん、前述の判決からすると、ベンダーはユーザーに、それでもコストとスケジュールの変更を求め、ユーザーが断るなら、プロジェクトの成功は保証しないと居直っ

てしまうこともできます。

しかし、ベンダーも客商売です。そこまでドライな対応はなかなかできないでしょう。裁判になれば、勝てるかもしれませんが、そもそも、ITシステム開発は裁判に勝つためにやっているわけではありません。

理想としては、契約前、つまり商談中から提案（要件定義を別契約にする場合は、この工程も含む）の時期までの間、ユーザーが予算とスケジュールを確定する前に、

「ITプロジェクトが往々にして、コストやスケジュールを守れないことがある」

と説明しておくとよいでしょう。

たとえば、IT判例のようなものから、世の中に失敗プロジェクトが多いことを説明して、

「自分たちには公開しなくてよいので、内部的には余裕を持っておくのがITシステム開発の常識だ」

とまで、言ってしまってよいと思います。ただし、言い方をまちがえると、自分たちに自信がないように聞こえてしまうので、そこは要注意です。

「それでも、ユーザーが受け入れてくれない」というときの対応は２つです。

- ベンダー自身が、最悪の場合を想定してコンティンジェンシー予算（トラブル時に備えた緊急のお金）を積んでおく
- 危険を回避してプロジェクトを実施しない

ユーザーもベンダーも、ギリギリの中でのプロジェクトを行っていると、プロジェクトが失敗をしたとき、経営や技術者の人事的な評価に大きな影を落とすことにもなりかねません。開発に失敗して経営危機に陥ったベンダーや、会社にいられなくなって退職してしまった技術者の例を、私はいくつも知っています。

プロとしての信頼が、最後にモノを言う

　さて、話をプロジェクト実施中に戻しましょう。

　開発中に発生するユーザーの要件追加・変更に対して、ベンダーが、コストや納期の変更、要件の撤回を求めるには、その前提となる事項があります。それは、ユーザーからの信頼です。

　何度も言うように、コンピューターシステムは専門性が高いため、多くのユーザーからすると、ベンダーの提言や追加費用などの要求の妥当性が判断しにくいものです。ベンダーがいくら誠実に真実を話したところで、ユーザーがベンダーを信頼していないと、納期や予算を素直には受け入れられず、「ふっかけてない？」と疑われることも少なくありません。また、技術的に無理だと言っているのに、ユーザーが「本当にできないの？　やる気ないんじゃない？」と信じてくれない場合もあります。

　ベンダーから見れば、フラストレーションがたまるかもしれませんが、情報システムのことをまったく知らないユーザーの身になってみれば、これも仕方ないことであります。

この問題についての特効薬はありません。信頼は仕事の中で勝ち得ていくほかはないでしょう。

「あの人が言うのなら」
「あの会社の見解なら仕方ない」

とユーザーが思えるようになるまで、誠実に仕事を行うこと以外の道はありません。
　もし、ユーザーの信頼を十分に得ていない中で作業を行うなら、「請負契約」ではなく「準委任契約」にするのも1つの手です。
　成果物に対してではなく、一定のスキルを持った技術者の工数に対して費用を支払う準委任契約であれば、コストやシステム全体の納期については、法的な責任を負わず、自らに与えられた仕事を誠実に実施していくだけです。

「準委任契約の仕事で、信頼を勝ち得ていく」
「次のプロジェクトでは、勝ち得た信頼のもと、請負契約でプロジェクト管理義務を果たしていく」

　そんな戦略もあるでしょう。

プロジェクト管理のための費用は8％～15％

　最後に、ベンダーがこうしたプロジェクト管理義務を果たすためには、どれくらいの工数を要するのか（プロジェクト管理費用として見積もるべきか）について考えてみたいと思います。

私自身の経験も含めて、システム開発の成功例を見ていくと、プロジェクト管理費用は一般的に開発費の８％〜15％を要するようです。これを素直に認めてくれないユーザーもいますが、それは、

　「そもそもベンダーがユーザーに対してプロジェクト管理の必要性をきちんと訴求できていない」

ということにも、一因があります。
　今回紹介した判決が出ていることもふまえて、ユーザーに対して自分たちの行うプロジェクト管理の内容を理解してもらい、「要求するものは要求する」というプロフェッショナルらしい姿が、ITベンダーには求められていると思います。

2-**2**

最低限の
知識も理解もない
ユーザーと渡り合うには？

**協力義務があるといっても、
ユーザーにまったく知られていない現実**

　前節では、ITシステム開発におけるベンダーのプロジェクト管理義務について話しました。請負開発の場合、ベンダー側がかなり踏み込んでプロジェクトを運営していかないと、失敗したときの責任がベンダー自身に降りかかってくることは、おわかりいただけたのではないでしょうか。

　しかし、いくらベンダーがプロジェクト管理義務を果たしても、それだけではプロジェクトはうまくいきません。ITシステム開発では、ユーザー側も単なる"お客様"としてのんびりしていられるわけではないのです。

　「ベンダーにシステム化対象の業務に関する情報や、なにか開発に必要なデータをタイムリーに提供する」
　「プロジェクト中に発生するいくつもの懸案事項について検討し、これも期限どおりにユーザー内部のコンセンサスを得る」
　「受入テストを計画して実施する」

……このように、ユーザーもベンダーと同様に汗をかかなければ、プロジェクトはうまくいきません。いわゆる、"ユーザーの協力義務"というものです。

ただ、実際の開発現場の様子を見聞きすると、こうした協力義務を果たしていないユーザーは、かなり多く見受けられ、プロジェクト初期に、要望だけを一方的に述べて、「あとはよろしく」と現場を離れてしまうシステム担当者がいることも事実です。これではプロジェクトはうまくいきません。

ちょっとひどい話ですが、以下のような裁判の例（東京地方裁判所平成21年5月29日判決）もありました。

ある飲料製造販売業者がITベンダーに、それまでバラバラだった本社と工場の生産、在庫、出荷管理システムを統合して、新システムにすることを委託しました。

ところが、開発が始まってみると、このユーザー側の体制に大きな問題があることがわかってきました。ユーザー側担当者に業務知識がまったく不足しているほか、本社側と工場側で、システムの機能やデータ構造について、意思統一がされていない状態だったのです。

たとえば、この会社の在庫管理には「マイナス在庫」という項目がありました。"マイナス"というからには、「欠品や入荷待ち状態」を表す項目かと思えば、ベンダーがその意味を尋ねると、ユーザー側担当者は、「その意味も必要性もわからない」と答えたそうです。

また、本社と工場で経理上の勘定項目に食い違う部分があり、そのことをベンダーが指摘しても、プロジェクトに参加したユーザーは、だれ1人として、「それぞれの勘定

項目が、お互いのどの項目に対応しているのか」説明できないという有り様でした。

「本社側と工場側で食い違った要件があっても、だれも、その調整をしない」
「本社側の知らないところで、工場側の課長が勝手にベンダーに要求を述べてしまう」

そのようなこともあったようです。およそITユーザーとしては、ありえない状況です。

さらに、担当者たちは、システムの開発手順も理解しようとせず、システムの概略説明用に制作したデモプログラムを納入物と勘違いして、「入力画面にならない」「入力できない」とクレームを言うなど惨憺たる有り様でした。

ユーザー側担当者が途中で変わった際には、引き継ぎが行われずに、要件など多くの重要事項が再検討となってしまうこともあったようです。

ちょっとコントのようですが、判決文には、そのように書かれています。

当然、プロジェクトは失敗し、裁判になりました。さすがに、この状況ではユーザーに勝ち目はなく、裁判はベンダー側の全面勝訴になりました。

この事件については、もちろん、ユーザー側の反省するところも大いにあります。しかし一方で、ベンダー側はどうでしょうか。ベンダーが求めていたことは裁判での勝利ではなかったはずです。

「プロジェクトを無事に完遂し、代金をもらい、ユーザ

ーとの信頼関係を構築して、次の受注をもらえる環境ができること」

これが、本来ベンダーの求めていた姿であり、その意味では、このプロジェクトはベンダーにとっても失敗だったと言えます。

では、このように最低限の業務知識もプロジェクト体制もないユーザーに対して、ベンダーは、どのように対応していくべきでしょうか。

「こうした状況であることを知ったら、即座に身を引いてしまう」

という選択肢もありますが、現実には、そうとばかりもしていられません。いくつかの成功プロジェクトで実践されたことなども参考に、対応策を考えてみたいと思います。

"ソクラテス"のような会話術で要件を聞き出せ

まず、ユーザーの知識不足についてです。この判例では、ユーザー側担当者が「マイナス在庫」や「経費勘定項目」について知らないということでしたが、もっと大きく、

「システム化対象業務について知識がないユーザー」

というのも少なくないでしょう。

「システム化しようとする業務がどんなものなのか」

「業務用語としてはなにがあるのか」
「現状のなにが不満で、どこを変えたいのか」

　ユーザー側担当者の頭に、こういった知識や情報が入っていなければ、およそ、まともな要件定義はできません。
　また、ユーザー側の人間が、立場によって違う意見を言ったり、言葉が不統一であったりということもよくあります。そうしたプロジェクトに限って、あとになってから要件がひっくり返されたり、役に立たないシステムを作ってしまったりということがよくあるものです。
　こうした危険を防止するために、ベンダーに求められる態度はなんでしょうか。
　それは「聞き魔」になることです。それも、単なる聞き魔ではなく、古代ギリシャの広場で、だれかれ構わず「あなたは、神がいると思うのか」「なぜ、そう思うのか」と質問をぶつけ続けた"ソクラテス"になることでしょう。
　たとえば、生産管理であれば、

「材料の在庫をだれが、どのように確認するのか」
「生産指示がどこからどのタイミングでやってくるのか」
「製造はどのように管理されて、出荷検査はどのように行うのか」

ということを、現場やバックオフィス、システム担当者など、いろいろな人に聞いて回ることです。同じことを何人もの人に聞いて構いません。というのも、そこで理解の齟齬を発見したり、不足情報の穴埋めをしたりできるからです。

とにかく、できる限りの人に、考えられる限りの質問をしましょう。時間はかかりますが、あとになってまちがいが見つかったときの手戻りを考えれば、安いものでしょう。「知識をつなぎ合わせ、正しさを確認して歩く」というわけです。

　ただし、ヒアリングのときに大切なことがあります。それは、ユーザーの返答をただうのみにせず、「なぜ、そんなしくみになっているのか」を聞き出すことです。

工場のユーザーA「生産指示は、その都度、営業から来るよ」
ベンダー　　　「なぜ、営業から直接なんですか？　五月雨式に来たら、ラインも困るでしょう？」
工場のユーザーA「だから営業からの指示は、『朝10:00までに一括』って決まってます」
工場のユーザーB「そんな決まりあるの？　うちは、時間に関係なく頼んで出してもらってるよ？」
工場のユーザーA「それば、おたくの部門だけが、ワガママなんだよ。ウチは迷惑してるんだ」
ベンダー　　　「なぜ、AさんとBさんで理解が違うんですか？」
工場のユーザーB「それは、今までの慣習で、そういう規則の周知徹底もできてないからね。」
工場のユーザーA「この状況が続くと、生産ラインが乱れて出荷に影響しますね。生産指示の受付機能を改造して、10:00で締め切ることにしますか？……」

　こんな会話をすることで、ユーザー内部にある問題が抽出され、それに対応する要件が導出できました。
　いろいろな人に話を聞くと、たいがい、どこかに矛盾点

や違和感のあるところが出てきます。そこについて「なぜ？」と問いかけることで、組織の問題解決につながる良い要件を引き出せるのです。

そして、なにより、ユーザー自身が問題に気づいて要件出しや情報提供に積極的になって、

「そもそも、このプロジェクト成功には、まだまだ自分たちが知り、ベンダーに提供しないといけない事項がある」

と、気づいてくれます。ソクラテスの言うところの「『無知の知』『己の無知』に気づくこと」というわけです。これは、私自身も、自分のプロジェクトで実践し、実感したことでもあります。

こうしてユーザーの積極性を引き出すことは、最終的にユーザーの業務に資するシステムを作ることに貢献します。

「要件の取りまとめは××月××日までにお願いします」

とユーザー側の窓口に言ったきりでは、おそらく、こうした問題やニーズは把握できないでしょう。

さらに理想を言えば、話を聞き終わったあと、

「ヒアリングした人を集めて、全体で見直す」

ということも効果的です。ユーザーがそれぞれに持っていた誤解やまちがった情報を指摘し合い、正しいものに変えられるので、要件の優先順位付けにも役立ちます。

ユーザーA 「えっ？ 製造部品の調達って、10日もかかるの？ じゃあ、うちからの生産指示、もっと早くしないといけないなあ」

ユーザーB 「だったら、やっぱり、発注伝票は電子化すべきだし、お客さんに回答する納期もシステムで計算してもらったほうがいいなあ。在庫管理の見直しより、こっちのほうが緊急課題じゃない？」

　こんな感じで、ユーザー同士で会話をするうちに、ユーザー全体の意見や知識、認識を統一できるというわけです。

プロマネよりエラい責任者が、体制づくりのキーパーソン

　プロジェクト中のユーザー側体制について、もう1つ注意しておきたいことがあります。プロジェクト実施中に、主要メンバーが退職、異動、休暇などでいなくなってしまうことです。

　もちろん、去っていく主要メンバーには、そこまでに決まった要件や前提条件・制約事項と、その決定までの経緯などを引き継ぎしてもらわないといけません。しかし、実際には、完璧な引き継ぎというのは困難です。

　正直、去っていく人は、どうしても当事者意識が薄れるので、引き継ぎも、取りあえず後任者が困らないような、最低限の知識にとどめることが多くなってしまいます。後任者に自分とまったく同じ知識や認識を持ってもらうことまでは考えませんし、現実的にも、それは無理でしょう。そして、後任者は、知識が不足している中で仕事をするた

め、さまざまな手戻りが発生してしまいます。

　この場合に鍵を握るのは、「プロジェクト承認者」という人の存在です。プロジェクトマネージャーの上位に位置して、プロジェクトの目的や予算を握り、場合によっては、要件やスケジュールの変更を承認できる存在で、最悪の場合プロジェクトの中止も判断できる立場の人です。もし、ユーザー側にこうした人がいないようであれば、それはプロジェクトリスクです。

　このような人は、プロジェクトマネージャーを含めて、チーム構成と役割分担を見直す責任のある人であり、プロジェクトのコストにも責任を持っている人なので、メンバーがいなくなったときのバックアップも考えて、サブメンバーをつけておくことをプロマネに命じられるでしょう。急なメンバーの離脱のときには、よそからの助っ人投入も即座に判断できます。この人が、プロマネと同じようにプロジェクトの状況やリスク、メンバーの様子などを把握しておけば、急な体制変更もすぐに判断でき、新しいメンバーに必要な知識を与える時間も確保できます。

　ベンダー側には、プロジェクト体制を検討する際、ユーザー側のプロジェクト承認者に、そういう役割があることを伝えていただきたいところです。面と向かって言うのは、なかなか度胸のいるところですが、一般的なプロジェクト体制の例として、サラッと参考資料として渡せば、きっとユーザー側の承認者も、「そういうものか」と考えてくれることでしょう。

2-3
定型外業務も
自主的に調べるのが
ベンダーの努めです

ユーザー独自の専門業務を理解する高いハードル

　前節でお話したように、ユーザー側の業務知識不足によってシステム開発が失敗する例も少なくありませんが、数々のトラブル例を見ていると、業務知識について問題を抱えているのは、やはり、ベンダーのほうが多いようです。ベンダーはあくまでもITの専門家なので、業務の知識についてはやはり限界があります。

　「バーゼル規制の更新に対応した銀行の信用リスク管理」
　「モンテカルロ係数を利用したデフォルト率の計算」
　「損害保険の保険料を算出するときの数理モデル」
　「リース業特有のALM分析」

……これらは、私自身が金融機関担当のシステムエンジニアとして手がけたシステムの機能ですが、開発に参加する段階で、これらについて私が十分な知識を持っていたものなど、1つもありません。こうした金融特有の用語は、やはりなかなか理解が難しく、まちがった論理演算式を埋め

込んで、トラブルを起こしたこともあります。

　こんなに難しい専門用語の世界でなくても、ユーザー組織には、それぞれに独特の業務プロセスや規則、基準といったものが存在します。それらをしっかりと理解して、システム化するのは、門外漢であるベンダーのITエンジニアにとって、なかなかハードルの高い作業です。

　それでも、ユーザー業務の内容が、だれもが理解できる形で文書化されているのなら、それを一生懸命に読み込んで勉強できます。文書化されていなくても、ごく一般によく見られる業務であれば、詳細はともかく、その業務をどのようにシステム化するのか話を切り出せるでしょう。

「貸金業務なら、借手の信用管理は必要ですよね？」
「信用枠は、どうやって計算するんですか？」
「元の情報は、やっぱり、外部の情報ベンダーから取り込むんでしょうか？」

　この程度の質問なら、金融業について一般的な知識があれば、ユーザーに投げかけ、要件に仕立て上げられます。
　しかし、中には素人のベンダーでは、そんなものの存在すら気づかないような業務もあります。ユーザーにはあたりまえの業務でも、ベンダーはそれに気づかず、機能が欠落してしまう、そんな例が判例の中にもあります。

ベンダーの常識だけでは、
ユーザーが使えるシステムは作れない

　平成16年6月23日に東京地裁で出た判決に、こんなものがありました。
　ある旅行会社が、航空券の発券システム開発をベンダーに依頼し完成したのですが、旅行会社は、

「システムに、航空券発券の重要機能である"遠隔操作機能（オペレーターが自席のパソコンからサーバー内のデータベースを直接操作する機能）"が含まれていない」

と言って、費用の支払いを拒みました。
　しかし、この機能はシステムの要件として定義されておらず、契約書にも、そうした記載はなかったようです。ベンダーは、当然、「そんな機能を作ると約束をした覚えはない」と反論しましたが、ユーザーは、

「遠隔操作機能は、航空券の発券システムには不可欠なものであり、当然に作られるべきものだ」

として譲りません。「家を建てるなら、施主がなにも言わなくてもトイレは設計に織り込むはず」という理屈のようです。
　旅行会社のシステムを開発した経験のない私から見ると、エンドユーザーが、遠隔地からデータベースを直接操作する機能は、珍しいものですし、そもそも危険なものに思えます。少なくとも、業界外の人間であるベンダーの技術者

が、ユーザーから言われなくてもその必要性に気づくようなものには思えません。

「これはユーザーの言いがかりだろう……」

私は、この判例を読みながら、そんなことを思い、ベンダー側の勝利を予測しました。

ところが、結果は、私の予想を裏切るものでした。裁判所は、ベンダーの請求を棄却し、ユーザーの求める損害賠償を認めたのです。

「遠隔操作機能は、旅行商品販売業務を行ううえでは不可欠の機能であり、遠隔操作機能は契約内容に含まれていたと考えるべき」

というのが、その理由です。旅行会社のシステム作りをするなら、ベンダーは、この機能が不可欠なものであることを当然に知っていなければならないということだったようです。

個人的には驚くべき判決でした。ただ、そこには裁判所なりの1つの考え方があります。

この件に限らず、裁判所の判決を見ていると、システム開発の請負契約において、ベンダーが請け負うのは、

「単に頼まれた機能を作ることではなく、"契約の目的達成に資するものを作ること"」

と考えているようです。「特に頼まれていなくても、トイ

レのない家に人は住めない。住めない家には費用を支払う価値はない」という考え方です。

たとえば、会計システムには、「"貸方"と"借方"の両面でお金を管理すること」、人事システムなら、「個人情報保護のために、高度なセキュリティを有している必要があること」は、要件定義書や契約書になくても、機能を実装してなければ、システム自体使えません。

こうしたことと同じように、「発券システムに遠隔操作が必要であること」は、特に言われなくても、ベンダーが作らなければならなかったというのが、この判決です。

「裏メニュー」まで用意して、成功したシステムとは

なんだか、ベンダー側の不満の声が聞こえてきそうな気がします。ただ、この開発を請け負ったベンダーは、旅行会社のシステムについて、ある程度の知識があることが前提で請け負ったことも事実のようです。「ならば、これくらいのことは知っていて当然だったのだろう」という判断だったのでしょう。これが旅行会社のことをまったく知らず、ユーザーも、それを承知で発注したのなら、判決も違うものになったのかもしれません。

いずれにせよ、システムを作るなら、対象業務に関わることは知っておき、ユーザーが要件として定義しなくても、ベンダー側が自発的に、「これはどうしますか？」と聞いてあげることが必要ということです。

じつは、この判決の解説を書くにあたり、私は、ある大手パソコンメーカーの引き当て処理システムのことを思い出しました。

ちょうどWindows 95が発売され、パソコンが飛ぶように売れたこの時代、このメーカーでは、注文に対して生産が追いつかない状態が続いていました。新規受注が来ても在庫品はすでに予約済みで、新しい注文には、これから生産する予定のパソコンを引き当てざるをえない状態だったのです。しかも、予約されたパソコンはこれから作るわけですから、出荷できるのは数週間から数ヶ月先になってしまいます。

　ところが、ときどき、とても大切なお客さんから緊急の受注が来ることがあります。担当営業としては、どうしても希望納期どおりにパソコンを納品したいのですが、なんせモノがありません。「それでも希望どおりに」と、担当営業が強引に引き当て担当者に頼み込むと、担当者は、

　「すでに別の注文に引き当てられていたパソコンを引きはがし、緊急の依頼に振り向ける」

という処理を行います。これらは定型外作業であり、業務マニュアルにもないやり方です。

　システムは、そうした超法規的な業務にもちゃんと対応していました。普段は見えない裏メニューからアプリケーションを立ち上げ、データベース内の引き当て表を即座に書き換えることができたのです。

　この引き当てシステムの開発者は、通常のプロセスにはない定型外業務のこともちゃんと把握して、データベースアクセスの道を作っておいたのです。通り一遍に引き当て業務のマニュアルや規則を見てシステムを作っていたら、こんな抜け道のような機能は作らなかったでしょう。そし

て、もしそうなっていたら、このメーカーのパソコン出荷業務は回らなくなってしまい、

　「パソコンの出荷を円滑に、かつ迅速に行う」

というシステム化の目的そのものが、果たせなかったことでしょう。請負契約のベンダーには、こうした知識獲得も求められるということです。

現場の「リアルな声」に隠れた定型外業務を発見せよ

　やはり、こうした場合でも、ベンダーの技術者は、前節でお話しした、ソクラテスばりの"聞き魔"になるしかありません。ユーザーの各部門、各層に、業務のことを聞き回るわけです。
　しかし、真っ正直に聞いていると、こうした定型外業務については、意外と聞き漏らしてしまうことがあります。聞くほうも聞かれるほうも、ただ順を追って業務の内容を聞いていくと、普通の業務の話しか出てこないものです。
　そこで、意外と効果的なのは、"その人"に注目して1日の仕事をリアルに聞いていくことです。実際にあった1日の仕事について、順を追って聞いていくのです。

　「朝は何時くらいに出社するのか」

から始まり、実際に、その人が行った業務をできるだけ細かく聞いていきます。

引き当て担当者「昨日も、昼食をとれたのは、1時近かったね」
ベンダー　　　「どうして？」
引き当て担当者「昼休み直前に、営業さんがやってきて、どうしても来週パソコンを出してほしいってさ」
ベンダー　　　「今でも、パソコンの納期はかかるんですか？」
引き当て担当者「まあ、海外で作ってるからね。日本に在庫がないと、どうしても時間かかっちゃうんだ」
ベンダー　　　「で、どうしたんです？」
引き当て担当者「だから、ほかのお客に引き当ててるパソコンで、納期が先のヤツを剥がして引き当てちゃった」
ベンダー　　　「そんなことができるんですか？」
引き当て担当者「ああ、ちょっとズルだけど、そうしないと、仕事回らないし……」

　例示したパソコンメーカーで、実際に、こんな会話があったのかはわかりませんが、とにかく、マニュアル外のことも含めて業務について漏れなく聞き出すためには、人の動きに着目して、細かくヒアリングをしてみるのも有効な手段の1つです。

　「そんなことしてたら、要件定義の時間なんていくらあっても足りないよ」

　そう考えるベンダーもいるかもしれません。
　しかし、例示した判決に限らず、ベンダーが通り一遍のヒアリングだけでモノづくりを行い、あとになって、「この機能がない」「これは違う」とクレームをつけられてト

ラブルになる例は、枚挙に暇がありません。そのような経験をされた方は多いのではないでしょうか？

「提示された業務フローや手順書だけを信じて作ったシステムでは、ユーザーの業務の半分しかまかなえない」

そんなふうに考えて、実際にシステムを使うエンドユーザーやその関係者にヒアリングをしましょう。

「いつ？」「だれが？」「なにを？」「なぜ？」「どうするの？」「ほかには？」「もしかして？」

といった言葉をくり返し、周囲から「しつこい！」と思われても聞き回る。そうした姿勢こそが、ユーザーの目的に叶うシステム作りを可能にし、真の信頼を勝ち取るコツではないでしょうか。

2-4
ユーザーが資料をくれないのは、ベンダーの責任です

協力義務があるからといって、任せきりではダメ

　システム開発を請負契約に基づいて行う際、ユーザー側には"協力義務"があるというお話をしました。ユーザーの協力の中でも大切なものに、ベンダーに必要な情報をタイムリーに提供することがあります。

　システム化の対象となっている業務に関する情報のほか、既存のシステムや接続している別システムに関する情報、そこに管理されているデータの詳細などをベンダーの要求に応じて、教えたり渡したりします。ユーザーからすると、なかなか手間のかかる作業ですが、これをしないことには、ベンダーは開発できません。

　しかし、いくらユーザー側の役割だからといって、「ベンダーがなにもしない」というわけにもいかないようです。

　これも東京地裁の判例（平成19年12月4日判決）ですが、あるコンサルティング会社（ユーザー）がソフトウェア開発会社（ベンダー）に自社システムの開発を委託したけれども、ユーザーが自身で行うべき自社業務の調査・分析を行わなかったために、プロジェクトが失敗してしまいました。

ベンダー側は、これを次のように主張します。

　「ユーザー側が要件定義に必要な情報をタイムリーに提供しない"協力義務違反"だ」

　しかし、裁判所はこれをベンダー側の責任だとする判断を下しました。

　「ベンダーが自身の望む情報提供を受けるためには、ユーザーに対して、その提供方法と、おおよその作業量を見積もるべきであった」

　ちょっとベンダーには厳しい判決ですね。
　少し補足をすると、この件でベンダーがユーザーに提供を求めていたのは、既存システムに入っているデータなどのことで、取り出すには技術的な作業が必要でした。なので、ITに関する知識の乏しいユーザーからすると、確かに、ベンダーからその取り出し方と作業量を教えてもらわないと、作業を計画することもできなかったようです。
　こうした場合、古いシステムを作ったベンダーにデータの取り出しを頼むことも考えられますが、当時の技術者が残っている保証はありません。結局のところ、データの取り出し方や作業量については、開発ベンダーが教えてあげるしかなかったようです。

結局、必要な作業はだれができるのか？

　「それじゃあ、ユーザーの協力義務を果たしたことにな

らないんじゃないか？」

　そんなふうに思うかもしれません。確かに、原則的にはそんな考えもあります。
　ただ、ITに関する判例をいくつか見ていると、裁判所の判断は、もっと現実を見ているような気がします。それは以下のような視点です。

　「結局、だれがこの作業をできたのか？」

　たとえば、この章で述べたプロジェクト管理義務もそうです。ユーザーが要件をコロコロと変えることのリスクを分析して、変更を受け付けない、あるいは追加見積もりをするのは「ベンダーの義務」という考えは、

　「結局、要件変更の影響度合いを分析して、それを受け入れるかどうかを見極められるのは、開発の経験を持っているベンダーしかないでしょう」

という考え方が根底にあります。言ってみれば、「餅は餅屋」という考えです。

「ユーザーのお手伝い」まで見積もりに織り込んでしまう

　では、ユーザー側に情報をタイムリーに提供してもらうために、ベンダーは、どんなことをすべきなのでしょうか。
　もちろん、ユーザーから情報提供に必要な作業の方法や

工数について尋ねられたら、素直に答えればよいでしょう。もっと望ましいのは、プロジェクトの当初、役割分担を決めるときに、

　「ユーザーが、その役割をこなせるだけのスキルを持っているのか」

をベンダーが確認し、「足りない」となれば、ベンダーからも人を出して、協力体制をとることです。
　なんだか、ベンダーばかりが損をするように見えるかもしれません。しかし、正式契約の前にこうした洗い出しができていれば、ベンダーが協力する分を費用として織り込んだ見積もりを出すこともできますから、ぜひ、やっておきたいところです。

ベンダー「既存システムのデータ提供は、ユーザー側の○○さんにお願いします。やり方と作業時間の目安は、こちらでお教えしますよ」
ユーザー「いや、ウチには専門家がいないんで、こんな作業わかりませんよ」
ベンダー「なら、ベンダー側からも人を出しましょう。見積もりもさせていただきます……」

　こんな会話がプロジェクト当初にあれば、この判例のような問題は、おそらく、起こらなかったでしょう。
　開発の役割分担の原則から言えば、こうしたベンダーの提案は、「やりすぎ」の感もあるかもしれません。しかし、いくら原則論を振りかざしても、ユーザー側ではできない

ものもたくさんあります。それを、「うちの役割じゃないから……」と、あしらっていては、結局、開発は失敗してしまいます。そんなことになって、費用の支払いを巡って争うようなことになるより、追加の費用をもらって手伝ってあげたほうが、よほどマシです。

　ここで、1つだけ覚えておいたほうがよいことがあります。もしも、ユーザー側が、

　「作業はベンダーに手伝ってほしいが、費用は出したくない」

と渋り、ベンダー側も顧客の満足度を考えて、無償で作業を行うとき、それでも"契約はする（変更する）べき"です。作業内容と成果物を定義し、価格は０円にする、いわゆる"無償契約"です。

　これがないと、ベンダーのお手伝いの範囲がいいかげんになって、お互いが苦労をします。ユーザーは、当然ベンダー側にいろんな作業をやってほしいわけですし、ベンダー側は、「タダでやってあげている」という意識も働いて、作業範囲を狭めたり、作業品質が落ちることもあります。

　こうしたことを避けるためには、きちんと契約を結び、お手伝いの範囲や内容について両者が合意したうえで、作業を進めることが大切です。

2-5
2年超も仕様が確定しないのは、ベンダーの責任か?

**試作、修正、見積もり、
何度もそろえたのにOKしてくれない**

　本章では、ここまで、システム開発の要件定義を巡るトラブルについて見てきました。

　「要件定義はユーザーの責任で行われるべきもの」

とは、よく言われる原則ではありますが、実際の開発現場では、そうとばかりも言っていられません。ユーザーへのガイドや変更管理、再見積もりなど、かなり多くの責任が、ベンダー側にもあることを感じていただけたのではないでしょうか。

　"ベンダーのプロジェクト管理義務"

　もう、お馴染みの言葉ですね。
　この節でも、このプロジェクト管理義務をベンダーがまっとうしきれなかったために、プロジェクトが破綻した例

について、お話しします。今回の場合、以下のように、ちょっと極端な判例（東京地方裁判所平成22年7月22日判決）です。

「ユーザーがベンダーの作る設計書（実質的な要件定義書）に同意しないまま、なんと2年が過ぎてしまった」

最初に結論を言うと、この事件では、結局、ベンダー側が勝訴しました。判決の内容からして、私もそれは納得するところです。ただ、よく見ると、このベンダーの勝訴は、ある条件があってのことだったと気づきます。

ある人材派遣業者（ユーザー）の業務システム開発で、受託したITベンダー（ベンダー）は、プロトタイプを行いながら、ソフトウェアの仕様を記載したシステム設計書を提出しました。このシステム設計書が事実上の要件定義書だったようです。

ところが、ユーザーはその内容が不十分であるとして、これを受け取ってくれません。機能面や性能面で、ユーザーの希望に叶わない部分があったようです。

ベンダーは、何度もプロトタイプと仕様書の修正をくり返し、仕様の確定をお願いしたのですが、どうしても、受け入れてもらえません。修正に伴って、開発費用も変わるので、その追加分の見積もりも行いましたが、それも受け入れてもらえませんでした。

結局、ベンダーは作業開始から2年後、我慢しきれずに契約を解除してしまいました。しかし、ユーザーのほうは、

「ベンダーが自分たちの意図した仕様書を作らず、そのうえ、一方的に契約解除とはなにごとか」

と、損害賠償（約1億2千万円）を求めて裁判になってしまいました。

2年間も要件が確定しないまま、くり返し、くり返し、設計書を直し続けたベンダーの苦労は、大変なものだったと思います。特に、この開発の場合、プロトタイプ手法で要件定義を進めていたので、ユーザーと動きを確認するためのプログラムを作る作業も並行して行い、コスト面、工数面でもずいぶんと苦しかったことでしょう。

裁判所も、こうした事情をくんでか、ユーザーの損害賠償請求を棄却する判決を出しました。

「注文者側がどのような内容のソフトウェアの開発を望んでいるかを提示または説明する責任は、注文者側にそのような能力がないことが前提になっているなどの事情がない限り、注文者側にあるというべきである」

ただ、裁判には勝ちましたが、この事件でベンダー側が得たものはなにもありません。ユーザーからの損害賠償請求を0にできただけです。契約も解除してしまっているので、それまでに使った膨大な費用は、もう返ってきません。訴訟には勝っても、プロジェクトとしては大失敗。1つの顧客も失ったわけですから、営業的にも重大な損失になってしまったわけです。

スムーズに要件定義を完了するための
3つのポイント

やはり、ベンダーとしてはなんとかして、ユーザーが何年も要件に合意しないような状態は避けたいところです。それには、どんな方法があるのでしょうか？

プロジェクトの中断基準を設定する

この判例だけでなく、システムも要件定義がいつまで経っても終わらないことは、よくあります。そうなると、ベンダー側はコストに苦しみ、ユーザーもスケジュールオーバーの危険が高まります。あとになって苦労するよりも、契約の段階でプロジェクトの中断基準を決めておくことが、お互いの傷を浅くするのに有効です。

「要件について、最悪でもこの時期までに固まらないなら、お互いの責任は問わず、プロジェクトをいったん中断する」

「なぜ、要件を決めきれないのか、原因がわかるなら、それを取り除いてから、再度スケジュールを引き直し、プロジェクトを再開する」

「わからないなら、残念ながら、正式にプロジェクトを打ち切る」

こうしたことを両者で決めて、最初から「プロジェクト中断基準」として合意しておけば、ダラダラと工数を浪費することはなくなります。契約に沿って粛々とプロジェクトを止めるなら、ベンダーとユーザーとの関係も、大きく

は崩れないことでしょう。

> ユーザーの体制に問題が無いか、確認する

この判例でそうしたことがあったかは不明ですが、一般に、ユーザーが要件を決められなかったり、ベンダーの持っていく要件定義書にいつまでも承認印を押してくれなかったりする場合、じつは、ユーザー内部での意見の取りまとめができていないことがよくあります。

- ユーザー側で要件を取りまとめる人は明確か
- その人の立場や知識は十分か
- どうしてもまとまらない要件について、「いいから、こうしろ」と言ってくれる責任者はいるのか

そうしたことを確認しておくことも効果的です。

もし、ユーザー側の取りまとめ者にスキルが足りないようなら、ベンダーからも人を出して、一緒に要件の取りまとめをすることが効果的です。

また、決めきれない要件について、はっきりとした結論を出してくれる責任者がいない場合は、ユーザー側に申し入れて、だれかを立ててもらいましょう。

私は、以前、だれが責任者なのかハッキリしないユーザーを相手に仕事をしたとき、「いざというとき、このプロジェクトを潰せる権限者はだれですか？」と聞いて、名前の出た取締役のところへ、自社の事業部長を連れて行ってあいさつをしてもらい、また、プロジェクトの進捗について、この取締役にメールを送るようにしたことがあります。そうやって、ユーザー側の取締役に、いざというとき相談

できる環境を作ったわけです。

> 要件としてなにを定義すべきか、ユーザーにガイドする

　要件定義書に書くべき事柄を把握しているユーザーは、少数派です。

「業務要件とシステム要件」
「機能要件と非機能要件」
「非機能要件を細分化しての性能要件、セキュリティ要件、操作性要件……」

　これらのことは、たいがい、ベンダーから教わらないと、ユーザーにはよくわからないことかもしれません。
　この判例の場合も、結局は、ユーザー側が、

「要件定義を自分たちが決めるものではなく、自分たちは、ベンダーが作ったものを承認する役割だ」

と考えていた節があります。「ユーザーが自分自身で要件を決め、ベンダーが、それを後続の設計に使えるように文書化する」というスタンスは、通常の成功プロジェクトでもよく見られますが、ユーザーに、その役割をまっとうしてもらうためにも、ベンダーはユーザーに「要件定義のなんたるか」を教え込む必要があります。
　結局のところ、システム開発、特に要件定義は、ユーザーとベンダーが協力し合わないとうまくいきません。「システム開発は、ユーザーとベンダーの協業である」とは、裁判所の判決でもよく聞く言葉です。

COLUMN ITシステム開発に関わる民法の改正（2） 成果物の一部納品でも費用の請求ができる？

民法改正案では、請負契約における納品物の完成と報酬の関係についても変更があるようです。

請負契約といえば、「とにかく請負人が、完成した納品を収めることで費用を請求する」というもので、その間、どんな作業をしようと、どれだけ人手をかけようと（かけまいと）、発注者には関係ありません。

そのこと自体は、今回の改正でも変わりません。問題は、今まで、発注者はあくまで「完成した納品物に対してだけお金を払えばよかった」ところが、今回の改正では、

「一部の納品でも費用の請求が可能になる」

という場合があるようです。こんな条文です。

第634条
（前略）請負人が既にした仕事の結果のうち可分な部分の給付によって注文者が利益を受けるときは、その部分を仕事の完成と見なす。この場合において、請負人は、注文者が受ける利益の割合に応じて報酬を請求することができる。

たとえば、システムの完成を請け負ったベンダーが、

「なんらかの事情で、要件定義と設計だけ行って作業をやめてしまった」

という場合、これまでの民法では、原則として費用の請求が難しかったのですが、この改正案では、

「もし、要件定義書と設計書をほかのベンダーが見て継続開発できるなら、それは使えるものだから、請負人はその分の費用を請求できる」

ということです。システムの機能をいくつかに分割して開発を行い、一部の機能だけを納品したときも同じ考え方です。
　ITベンダーの方は、今後こうしたことも考えて、作業スケジュールや納品の順番を考えたほうがよいかもしれません。

Part 3
検収と瑕疵(かし)にまつわる誤解を知る

1 契約 Agreement
2 要件定義 Requirement definition
3 検収 Acceptance
4 下請け Subcontract
5 著作権 Copyright
6 情報漏えい Information leakage

システムの不具合の残存が避けられないITシステム開発では、納品後、いったん検収を受けても支払いを受けられないことがあります。

また、契約書の記載内容が不明確であるために、システムが完成したのかも不明確な場合も少なくありません。

「自分たちの作業範囲を明確にする」
「確かに仕事を完遂したことを示す」
「無事に支払いを受ける」

こうしたことを確実に行うためには、どんなことが必要なのでしょうか。

3-1
検収後に発覚した不具合の補修責任はどこまであるのか

1度OKをもらったのに、「やっぱり、こんなシステムにお金は払えません」

　私は、約四半世紀にわたり、さまざまなITシステム開発に関わって仕事をしてきましたが、納品をしたあと、まったく不具合なく動作をするシステムなど、ほとんどないと言ってもよいのではないでしょうか。

　「動くには動くものの、ちょっと画面の表示がおかしい」
　「処理速度が思ったほど出ない」
　「一部の演算に誤りがある」

……そんな宿題を残しつつ納期を迎え、納品後に、ベンダーの技術者がユーザー先を何度も訪問しつつ、徐々に不具合を潰していく（いわゆる"枯れた"状態にする）というのが、実際のITシステム開発では普通の姿です。
　しかし、いくらシステムに不具合がつきものだといっても、その内容がユーザーの業務に大きく影響するものであったり、その数が多すぎたりすれば、ユーザーはお金を払

ってくれず、ときには、支払いを求めるベンダーと紛争になることもあります。

たとえば、以下のような裁判の例（東京地方裁判所平成14年4月22日判決）もあります。

ある石材加工会社がベンダーに販売管理システムの開発を依頼しましたが、できあがったシステムには、数多くの問題がありました。中でも、アプリケーションの動作の遅さは、ユーザーの業務を著しく滞らせるもので、これでは、

「販売管理の迅速化、合理化」

というシステム化の目的に逆行するものでした。ユーザーは当然、ベンダーへの支払いを拒みます。

しかし、この件については、ユーザー側にも多少の弱みがありました。まず、「処理速度について要件として定義していなかった」ということ。そして、最も大きな問題は、

「このシステムについて、ユーザーがすでに検収してしまっていた」

ということです。

要件定義書に書かれたことは実現しており、検収までしてしまっているのですから、当然、ベンダー側は費用の支払いを求めます。この争いは法廷の場に持ち込まれました。

この裁判について、あなたはどう考えますか？

やはり、システム化の目的達成に大きく影響する不具合であれば、費用の支払いなどしなくてもよいのでしょうか。それとも、検収印を押している以上、そこはユーザー側の

責任だし、そもそも要件として定義されていない事柄についての不具合なのだから、支払いの拒否などできないのでしょうか。

検収書は、仕事を完了した証じゃないの？

　この裁判の結果は、ユーザー側の勝訴でした。裁判所は判決において、原告ベンダーの請求を棄却したうえで、前払金約1143万円の返還と損害賠償金約581万円、計1724万円の支払いを命じたのです。

　「いくら形式的に検収書に印を押したとしても、システム化の目的達成を阻害するような不具合が残存しているシステムは、費用支払いの対象とはならない」

　裁判所の判断は、そのような主旨でした。
　「ちょっと待て」と言いたくなるかもしれませんね。「だったら、検収書など、なんの意味もないものなのか」と思うかもしれません。
　もちろん、裁判所は検収書という書面を軽んじているわけではありません。しかし、特にITシステム開発においては、ユーザー側に技術的な知見が乏しく、「本当にシステムが完成したのか判断できないまま検収書に印を押すことが少なくない」というのが現状です。
　それを考えると、検収書に押してある印鑑が盲印である可能性もあり、

　「本当にシステムができあがったのかは、テストの結果

や不具合の状況も見て総合的に判断するべき」

と裁判所は判断しているように思えます。

　また、「要件に書いていないものまで、不具合とされるのはおかしい」と思う方もいるかもしれませんね。

　しかし、この件について、裁判所はベンダーに対して、より広い範囲の責任を求めているようです。裁判所は、ベンダーに対して、

「ユーザーから言われたモノを確実に作る」

ということに加え、

「契約の目的達成に資するモノを作る」

ということも求めています。

　前述の判例でいうと、アプリケーションの動作速度について、納品されたシステムの処理速度では業務が滞り、「販売管理の迅速化、合理化」という契約の目的を達成できないことは、要件としては定義されていなくても、業務のプロではないベンダーにもわかったはずです。そのため、

「要件定義書に明示的に書かれていなくても、それは、実現しなければいけない」

という考え方です。

　もちろん、ベンダーもユーザーの業務をすべて把握しているわけではないので、どんなことについても、この考

方が適用されるとは考えにくいです。しかし、

「"迅速化"を目指しているのに、処理が今より遅い」

というような、第三者から見ても容易にわかる不具合であれば、やはりベンダーが責任を持って対応すべきということのようです。

　システム化の目的が達成できないような不具合がある場合には、検収書も「錦の御旗」にならないのです。裁判所を、「契約書や検収書という紙モノだけを見て判断を下す、形式主義的なところだ」と考える方も多いようですが、こうした判決を見ると、意外と実態を重視していることがわかると思います。

無事に支払いを受けるための4ステップ

　では、ユーザーから支払いを確実にしてもらうため、ベンダーは、どんなことをしておくべきなのでしょうか。

　もちろん、不具合ゼロのシステムを納期どおりに収めて、検収書をもらっているなら100点満点ですが、そんなことは、かなりのレアケースです。多少の不具合があっても、検収してもらう場合が大半でしょう。そのような場合に、無事お金を払ってもらうためには、どんなことが必要でしょうか。裁判所の考え方なども参考に考えていきたいと思います。

> **1. システム化の目的に対して、十分な要件を定義したか確認する**

　まず、気をつけなければいけないことは、要件定義の内容です。例示した裁判で大きな問題となった、「販売管理業務の迅速化」というシステム化の目的は、本来なら、それを達成するための「性能要件」を明示しておくべきでした。

　この際、特に忘れがちなのは、この判例のような「システムの処理速度」です。

　システムを開発するとき、「画面になにを出力するか」「どんな計算をするか」といった、いわゆる機能要件については、比較的ユーザーも注意深く確認します。ところが、処理速度のような非機能要件については見過ごされがちです。こうしたことは、開発経験豊富なベンダーのほうから自発的に提案する姿勢が求められます。

　そうしたことも含めて、ユーザーとベンダーは、要件をレビューする際、

　「本当に、この要件で目的を達成することができるのか」

という十分性の検討が必要です。

　「処理の迅速化」をするなら、問題となった処理速度に加え、

　「オペレーターにとって使いやすい画面か」
　「他者の操作によって邪魔が入らないように排他制御ができているか」

など、さまざまな視点で要件を掘り起こすことが必要です。

　要件の十分性については、要件の妥当性、正確性、詳細性などに比べて、後続工程では気づきにくい傾向にあるので、上流のフェーズで、しっかり確認しておく必要があります。

　「この帳票の記載項目はおかしい。本当にこれでよいのか？」ということには、設計者やプログラマーも気づいてくれますが、そもそも、帳票がないことに関しては、要件定義で見つけておかないと発見しにくいものです。速度に関しても、最初から定義していれば、"遅い"と気づきますが、なにも定義されていなければ、「こんなものか」と見過ごされてしまう例は、かなりあります。

　十分性の確認に限らず、要件定義というのは、本来、ユーザーが行うべき事柄ではあります。しかし、ユーザーが、ITシステム開発について十分な知識を持っていない場合には、ベンダーが、それをガイドしてあげないといけません。

　「ITの要件定義」と言われて、なにをどこまで決めたらよいのかわからないユーザーをリードし、抜け漏れのない十分な定義をしてあげることは、ベンダーの義務であると、この判決は物語っています。

2. 早い段階で、システムの機能が妥当か、性能が十分か検証する

　システム化の目的に対して十分な要件が定義できたら、実際にモノづくりの段階に入るでしょう。しかし、ときどき、

「要件定義と画面・帳票設計くらいまでをユーザーに見せて、その後の設計は、自分たちだけで作業を続ける」

というベンダーを見かけます。

　ユーザー側から見ても、システム開発などという専門的で面倒な作業は、なるべく早くベンダー任せにしたいところですから、「あとは、お任せください」と言われるのは喜ばしいことのように思えます。しかし、こうした"お任せ"プロジェクトは、プロジェクト最終盤の受入テスト時点で、「話が違う！」とモメる原因になります。

　ベンダーもユーザーも人間です。要件定義書や画面や帳票のサンプルを見ただけでは、誤解や、自分たちに都合の良い解釈をしてしまっていることがあります。

　「"データの登録機能"があるということは、"編集"や"削除"の機能も当然にあるんだよね」とユーザーが思い込んでいたが、ベンダーは要件として定義されていないので、そんなものは作っていなかった。このデータは、毎日、朝イチから使うので、夜間バッチによるデータの洗い替えは、午前９：００までには終わる必要があるのに、ベンダーは、そんな業務スケジュールを意識せず、いつ終わるのか保証できないバッチ処理を作ってしまった。

　客観的に見ると、ずいぶんと初歩的なミスに思えるような例ですが、実際に、こうしたことが問題になるトラブルは、かなりあります。

　こうしたことを防ぐためには、早い段階での「妥当性確認」と「性能検証」が必要です。

　機能を実装する前に画面だけを作って、紙芝居風にユーザーに見せながら、システムの機能と業務の流れ、画面操

作のイメージを確認してもらったり、大切で複雑な論理演算の部分だけを、エクセルなどで簡易的に作成し、シミュレーションしながら誤りのないことを確認したりする、つまり、ユーザーにシステムのあらましを疑似体験してもらうのが、妥当性確認です。

　また、システムの容量や速度について、それが十分であるかを検証するのが、性能検証です。こうしたことを開発終盤のシステムテスト段階で行うプロジェクトもありますが、性能の不足は、場合によって、システム構成やネットワークの見直し、システムの基本構想まで変更する必要が出てくる影響度の大きな問題になりますから、なるべく早い段階で実施して、問題を明らかにする必要があります。単位時間あたりの処理件数を想定して、机上計算を綿密に行うことはもちろん、できればテスト環境とデータを用意して、想定しているシステム構成で、どれくらいの速度が出るのかを確認することが望まれます。

3. 受入テストのケースとシステムの完成基準を設定する

　十分な要件が定義されたら、それを裏返して、テストケースとソフトウェアの完成基準を設定します。取り上げた判例の判決文の中には、

「被告ユーザーが検収を行ったにもかかわらず、本稼働後に看過できない不具合が検出された」

という部分がありました。つまり、検収のために確認した項目に不足があったのです。

　この判例の場合には、そもそも要件が欠落していたため、

確認項目も同じく足りなかったようですが、中には、要件として定義したにもかかわらず、その確認がなされなかったために問題となった例もあります。

　要件定義書に書かれていることをすべて確認できるテストケースを設定する必要があります。

4. 本稼働後に見つかった不具合には、素早く対応する

　最後にもう1つ、大切なことがあります。それは、

「稼働後に発覚した不具合対応のスピード」

です。じつは、この判例もそうですが、ユーザーから不具合の指摘を受けたあと、それに迅速に対処しなかったことが原因で、損害賠償をすることになったベンダーの例がいくつもあります。

　「ユーザーから不具合が報告されたら、直ちに対処する」
　「すぐには解決が難しい問題であっても、原因調査の計画だけでも、できるだけ早く示す」

　そうした心がけも、大切なようです。

3-**2**

不具合が残ってしまっても、うまくプロジェクトを完遂するためには?

とりあえず使えるモノだったら、支払いが受けられるのか

　前節では、検収書があっても、システムの品質が悪ければ、支払いを受けられないことがあるという例について取り上げました。

　しかし、そもそもシステム開発の場合、納品時に不具合がいっさいないということはほとんどありません。納品後に多少の問題が発覚しても、たいがいは返品することもなく、瑕疵担保責任に基づいて、作り手が必要な補修をして事なきを得ます。

　ユーザーのほうも、多少の不満を言いながらも、システム自体は使い始めたいので、

　「ソフトウェアとはこうしたものだし、とりあえず使えれば……」

と検収して、お金も払う場合が多いわけです。現実的と言えば、現実的な、大人の対応とも言えます。

そんなこともあって、ユーザーのほうも、納品物の機能や性能、セキュリティなどの要件を、すべてチェックし尽くしてから検収をすることはありません。もっと言うと、自分ではテストをせず、ベンダーの提出したテスト報告書を見ただけで合格を出すユーザーもかなりいます。

　だからこそ、検収後、実際に使ってみたら不具合がいくつも発見されて、ユーザーが支払いを拒むということが、案外多いのでしょう。

　それでは、「検収書があっても支払いをしてもらえないケースがある」と言うのなら、その逆はどうなのでしょうか。裁判所が検収書よりも実際のシステムの品質を重視すると言うなら、ある程度の品質のシステムを納品すれば、ユーザーの検収書がなくても、支払いをしてもらえるのでしょうか。

　東京地裁に持ち込まれた紛争（平成24年2月29日判決）の中に、システムに残存した不具合を理由に検収してくれないユーザーを、ベンダーが訴えたというものがありました。

　判決文を見る限り、システムには、確かに複数の不具合はありました。しかし、どれも業務に重大な影響を及ぼすようなものではなく、システムは、ある程度業務に使えるもので、しかも、ベンダーが早期に補修することも十分に期待できるものでした。

　裁判の結果は、予想どおりベンダーの勝訴でした。

「一般にソフトウェア開発においては、プログラムに一定程度の確率でバグが生ずるのは仕方のないことで、ベンダーが、迅速に対応して解決できるようなものは"瑕疵"とは言えないし、システムが未完成とも言えない」

裁判所はそのように言って、ユーザーに支払いを命じたのです。前節の裁判とは、おそらく異なる裁判官の判断かと思いますが、同じ考え方に基づいた判断と言えます。

モメずにプロジェクトを終える3つのポイント

この判決では、めでたくベンダーの勝利となったわけですが、もちろん、開発費用を払ってもらうのに、いちいち裁判になってしまってはたまりません。ユーザーとモメずに検収と支払いをしてもらうためには、どんなことが必要なのでしょうか。判例や、成功プロジェクトなどを参考にすると、以下のようなことが必要と言えるようです。

1. ベンダーが担当する工程を完了させる

なにはともあれ、ベンダーが担当する工程は完了していることが大前提です。

「システムテストが終わっていない」
「まだ実装していない機能が残っている」

これでは、仕事が完成したとは認められません。当然すぎるほど、当然のことです。
しかし、判例のようにユーザーが検収してくれない場合、その代わりに仕事を完成したことを証明できるのは、全工程を完了した事実と、それを客観的に証明できるドキュメントです。
ウォーターフォール型の開発の場合、システムテストが

完了して、合格したことを示すドキュメントをユーザーに提出し、受け取ってもらうことが完了の証拠と言えます。この考え方は、アジャイル開発でも、基本的には同じで、すべての機能のテストが終わり合格すれば、ベンダーは工程を完了したと見ることができるでしょう。

2. 作ったシステムが業務に使用できる

ベンダーが工程を完了することは大前提ですが、「それでお金を払ってもらえるか」と言うと、そうとも限りません。

前節の例からみても、お金をもらうためには、完成したシステムが業務に使用できて、システム化の目的に照らして妥当なものでなければいけません。逆に、それさえクリアできれば、多少の不具合があっても費用の支払いを要求できると考えられるわけです。

"業務に使用できる"という言葉は、ちょっと漠然としていますが、裁判の例などを見ていると、以下のように言えるでしょうか。

「ユーザーがシステム化の目的とした業務の正常系について、期待した機能、性能、使い勝手、セキュリティなどを満たしていること」

システム運用のための機能や、業務機能でも普段あまり使わないもの、異常系の機能などは、ユーザーの我慢の範囲と考えられます。画面レイアウトや文字のまちがいなども、ケースバイケースですが、「とりあえずはあと回し」とも考えられるでしょう。

ただ、しつこいようですが、あくまで、業務に使えることが大切ですから、ほんの1文字のまちがいでも、それで業務が回らないようなら、費用支払いの要求は厳しいということになります。

3. ユーザーの受入テストを促すように、契約書を工夫する

じつは、この判例のプロジェクトでは、契約のはじめに良いことが書いてありました。

「ユーザーは納品後10日以内に検収を行い、書面で通知すること」
「期日まで通知がされない場合は、検収合格したものとされること」

そういう意味合いのことが書かれていたのです。
この条文は、実際、この裁判でベンダー側が勝利することにも、寄与しました。たとえば、「受入テストをユーザーがなかなか行ってくれず、やっとテストをやってくれたと思ったら、不具合を理由に検収してくれない」ということも防止できます。

もちろん、不具合自体はベンダーの責任であり、それを補修しないと検収を受けられないというのは、正しい姿です。しかし、長い間検収されずに放置されることは、その間、技術者を確保しておかなければならないベンダーにとって負担です。当然、支払いも遅れるわけですから、経営的にも問題でしょう。

納品したら、さっさと検収してもらうために、契約書にこうした条文を入れておくことをおすすめします。

「プロとして仕事をやり終えた」と言えるか？

　ここまで、「ITシステム開発において、検収書は必ずしも"錦の御旗"にならない」とお話ししてきました。それでも、原則として、検収を受けることは大切です。
　ここまでお話ししてきた判例については、やはり"異常系"の話であり、商取引である以上、検収書に印をもらうことは、ベンダーにとってとても大切なことです。
　もし、不具合がありながらも検収書をもらうとき、ベンダーとして大切なことは、プロジェクトの各場面で、

　「自分たちは、プロとしてやるべきことをやった」

と胸を張って言えることです。

　「ソフトウェアだからバグは残るかもしれない。しかし、自分たちは想定できるレビューを行い、テストケースもすべて消化し、認識できたバグの除去も行った」
　「納品したシステムが、少なくとも通常業務には使えるように、やれることは全部やったし、残存している不具合についても、できる限り迅速に対処する」

　そんなことが言えるなら、ユーザーとしても検収をせざるをえない状況と言えるわけです。
　言ってみれば、こうした証跡で脇を固め、ユーザーを追い込むような意識で作業することが、余計な紛争や支払い拒否を避けるために、大切なことなのかもしれません。

3-**3**

「契約不履行」と訴えられないようにベンダーがすべきこと

作業範囲はどこまで？
すれ違いが無益なトラブルを生み出す

　システム開発の場合、契約時点では、開発の中身（委託範囲や役割分担、場合によっては見積もり金額など）が明らかではないことが多いものです。

　「顧客情報を社内で一元的に管理するシステムを作ってほしい」

との依頼を受けて、めでたく契約することになっても、

　「顧客情報の項目はなにか」
　「データ漏えいを防ぐためにどんなことをするのか」
　「ベンダーとユーザーのどちらが防止策を行うのか」

といった詳細な内容ついては、今後の要件定義や設計フェーズで決めていくことにして、成果物も金額も明確にしない契約書に基づいて作業をスタートしてしまう。そのよう

なプロジェクトは、いくらでもあります。

　ベンダー側としては、契約書がないと、人をアサインして作業に取りかかれませんし、ユーザーもプロジェクトの開始を遅らせたくないのが現実ですから、こうした"見切り発車"も仕方のないことかもしれません。

　しかし、やはり決めることを決めずにスタートした開発というのは、あとになってから、いろいろとモメ事が発生することになります。

「この機能を実装してくれるんじゃなかったの？」
「ネットワークセキュリティの確保は、お客様側の責任でしたよね？」

　こんなふうに、開発も終盤になってから言い争うことも珍しくありません。

　これは、実際にあった裁判の例（東京地方裁判所平成24年3月27日判決）ですが、あるITベンダーがSNSシステム開発を請け負って、これを完成させたのに、ユーザー側がお金を払ってくれない事件がありました。

　ユーザー側の言い分としては、

「ベンダーが最後まで作業を完遂させずに引き揚げてしまった」

というものです。

　ベンダーは、

「システムを完成させ、これをテストサーバーに入れた

ことで、作業は完遂した」

と考えていたのですが、ユーザーの期待は、

「その後の本番稼働まで、ベンダーが面倒を見てくれる」

ということだったようです。

　この件の契約書がどうなっていたかというと、そこには、正式な委託範囲が記されていませんでした。ベンダーがテストサーバーにソフトを入れて終わりなのか、その後の本番環境構築や受入テストの支援まで行うのか、そのあたりが不明確だったのです。

　そんな状態ですから、作業費用についても記載されていません。すべては、「今後、おいおい決めていこう」ということだったようです。

　結局、プロジェクトの終盤に至るまで、両者はそれぞれ、作業範囲について、自分に都合の良い解釈をしたまま、こうした紛争に至ってしまったのです。作業を発注するということ以外、その範囲も金額も定めていない契約書に印だけついて、プロジェクトをスタートしてしまったことが争いの元だったわけです。

　この裁判の結果自体は、ベンダー側の勝利でした。ベンダーの行った作業は、ユーザーがシステムの検収を行えるまでに至っており、システム開発における一般的な例から見ても、プロジェクトは最終工程を終えたと考えられる、というのが裁判所の判断でした。

　しかし、だからと言って「ベンダー側に反省すべき点がなかったのか」と言えば、そんなこともありません。

このユーザーは、

「ベンダーというのは、わざわざ契約書に記さないでも、本番稼働まで面倒を見てくれるものだ」

と、多少甘い考えを持っていただけで、決してベンダーに対して過度な期待を持っていたわけではありません。こうした無垢なユーザーは、ほかにいくらでもいることでしょう。

もし、作業範囲をちゃんと相談していれば、このベンダーは、裁判に対応するための膨大な工数を費やすこともなく、大切なお客様を1つなくさずにも済みました。

裁判に勝ったところで、失うものこそあれ、得るものはなかったわけで、反省する余地はいくつもありそうです。

お互いが納得できる、作業と費用の見積もりのコツ

では、こうしたことを起こさないため、ベンダーは、契約時にどんなことをすべきなのでしょうか。

実際、契約までに作業の範囲や金額を正式に決められないことは、よくあることです。この裁判でも、判決文の中には、以下のような意味の言葉があります。

「システム開発においては、書類上契約条件を詳細に定めることはせず、契約締結後の当事者双方の協議によって、具体的内容を確定させていくということも一般的で、なんら不自然ではない」

あいまいな契約の中、双方が委託範囲と金額に納得して、気持ちよくプロジェクトを終わるためには、どんな工夫が考えられるのでしょうか？

1. おおざっぱでも、役割分担をする

　まず、やっておきたいことは、おおまかでもユーザーとベンダーの役割分担を決めておくことです。やり方はいろいろですが、工程ごとに想定される作業成果物を定義して、

- だれが作るのか
- だれがレビューするのか
- 承認するのはだれか

を決めておくことが効果的です。

　プロジェクトの最初の段階では、成果物の定義もおおまかで構いません。たとえば、要件定義工程であれば、

　「ユーザーニーズの作成とレビューはユーザーの仕事、承認は双方の責任者とする」
　「要件定義書の作成はベンダーがやるが、レビューと承認はユーザーの仕事」

といったぐあいに、成果物ベースでお互いの役割を決めることです。

　注意点としては、成果物名はおおまかでも、その網羅性は担保しておくことです。

　たとえば、設計工程の成果物をとりあえず"設計書"と定義しておき、あとになってから、"方式設計"、"機能設

計"と細分化していくことは構いません。しかし、どう見ても設計書のカテゴリーには入らない"プロトタイプ用プログラム"があとになって登場すると、これは見積もり金額や納期の前提が崩れることになります。もし、そういうものがあるなら、最初に定義しておくべきです。

成果物の定義はおおざっぱで構いませんが、それで全部であるかは、慎重に検証する必要があるわけです。

もう1つ、作業範囲を決める際に注意したい点は、"支援"という言葉を使わないことです。

実際、この言葉を役割分担表で見ることも多いのですが、同じ"支援"でも、「ユーザー側はドキュメント作成をベンダーに期待していたのに、ベンダー側は単に質疑応答しか想定していなかった」ということがよくあります。

こういう、どちらにでも都合良く解釈できてしまうような言葉は使わず、「成果物の作成」「レビュー」「承認」など、内容が明確な作業名を定義すべきです。

2. 前提条件つきでも、見積もりを行う

役割分担が決まれば、それを元にベンダーは費用の見積もりを行えます。ただ、この段階では、役割分担とそれに基づく作業内容もおおまかですから、正確に見積もることは難しいかもしれません。開発費用はユーザー側の協力度合いや接続する他システムの状態、そのほか、この時点では決めきれないさまざまな事柄によって変動します。

こうしたことに対応するため、見積もりにあたっては、これらの不確定な事項について、仮の前提を立てます。

「ユーザーが○月末までに既存のデータを提供してくれ

ること」

「接続先システムとの通信は××方式で行い、インターフェースは○月までに決定すること」

「現時点では未決のダウンロードファイルの形式は、仮にCSV、PDF、RDF、JSONとすること」

このような仮定をおいたうえで見積もり、もし、仮定と違う決定があったら、金額やスケジュールを見直したり、作業分担などを変えたりする相談します。

プロジェクト成功のカギは、「まだ決まっていないこと」

ここに挙げた、おおまかな役割分担と前提条件つき見積もりを行うと、その時点では、まだ決定できない事項がたくさんあることに気づきます。よく管理されたプロジェクトでは、それらを台帳化してユーザーとベンダーが共有し、都度見直しています。いわゆる"未決事項管理"です。

未決事項は、ユーザーとベンダーが、各々あるいは一堂に会して、ブレインストーミングで出したりします。あれこれと話していくと、じつにいろいろなものが出てきます。

中には、必ずしも金額や納期に直接影響しないものも出るでしょう。しかし、そうしたものでも長く放置すれば、やはりモメ事の元になるので、そのあたりも含めて、しっかりと文書化しておきます。

未決事項がひととおり出たら、その検証もしっかりと行いたいところです。これは、

「書き出した未決事項がすべて解決すれば、本当にプロジェクトは成功するか」

という視点で検証します。
　いくらブレインストーミングを行っても、人間のやることですから、どうしても抜け漏れはあるものです。なるべく多くの人が参加する場を設けることで、少しでも危険を減らしていきたいものです。
　未決事項の洗い出しで注意すべきことは、「未決事項同士の依存関係」です。未決事項の中には、

　「これが決まらなければ、これも決まらない」

といった関係があるものがあります。たとえば、「データベース管理システムの選定が終わらないと、担当メンバーのアサインができない」といったぐあいです。この関係をしっかりと押さえることが、未決事項の決定の期限を決める際に重要になります。
　また、中には、矛盾する未決事項やトレードオフで考えるべきものもあります。

　「もし本稼働時期が来年の春だとすれば、この実施可否を検討している機能の実装はできない」

といったようなものです。この関係も明確にしておかないと、"来年春"と"機能の実装"が各々独立して合意され、実現不能な要件やスケジュールができあがる危険があります。

こうやって洗い出した未決事項は台帳で管理します。たとえば、以下のようなことを台帳に書き、それが予定どおりに進んでいるかを定期的に確認しましょう。

- 未決事項の決定者
- 検討メンバー
- 検討時期
- 決定方針

　もし、未決事項が必要な時期までに解決されなければ、それは「リスク・課題」となり、より優先度の高い問題となります。

技術者こそ、自分の作業を契約書で確認するべき

　結局のところ、この節で取り上げた紛争については、こうした未決事項管理が行われていなかったことに、大きな原因があったと考えられます。契約時点で決まっていないことについて、プロジェクトの終盤まで放置しておいたからこそ、「ベンダーの作業は、どこまでなのか」という非常に基本的なことすら決められずに、プロジェクトが破綻してしまったのです。

　ここから先は想像ですが、おそらく、このプロジェクトでは、ベンダーの技術者が契約書を見ていなかったか、見ていたとしても、その内容になんの注文もつけなかったのではないでしょうか。

　もし、ちゃんと見てなにかコメントする気があるなら、少なくとも、「自分たちの作業がどこまでなのか」につい

て不明確なことに、不安を覚えたはずです。

　私も技術者時代そうだったので、他人のことをとやかく言える立場ではありませんが、一般に、ベンダーの技術者はあまり契約書を見ず、関心も薄いものです。

　しかし、今回のような契約書に足りない部分を見抜けられるのは、やはり技術者です。面倒くさがらずに、しっかりと検証して、未決事項も洗い出すことが必要ではないでしょうか。

3-4
もしもシステムの欠陥により多額の損害賠償を求められたら

どんなに優秀でも、損害賠償の危険からは逃れられない

「モノ作りを請け負って納品はしたけれども、そこに欠陥があったため受け取ってもらえず、不具合が完全に除去されるまでは検収を受けられない」

これは正論ですが、これを杓子定規にITシステム開発に当てはめてしまうと、世の中のほとんどのITプロジェクトは、失敗して終わることになってしまいます。

コンピューターのプログラムというのは、何万行、何十万行という命令や設定を、人間が通常使うことのない、言葉や数式を組み合わせて書き込むものですから、まったくミスなく、それを完成させることなど、現実的には不可能です。

なので、システムの完成を巡る裁判でも、

「情報処理システムの開発に当たっては、作成したプログラムに不具合が生じることは不可避であり……」

といった主旨の言葉が、判決文の中によく見られます。現実的な判断だと思います。

とはいえ、モノには限度というものがあります。いくら、不具合の混入は仕方ないといっても、ユーザーの業務に大きな影響を与えて、システム化の目的達成に寄与できないモノを納めたり、あまりに多くの不具合が残存したまま納品したりすれば、検収を受けられなくても文句は言えないでしょう。大きな問題になれば、損害賠償の請求も甘受しなければなりません。

やっかいなのは、ITシステムの不具合は、別に「ベンダーがいいかげんな仕事をしているから発生するとは限らない」ということです。

「優秀な技術者が、一生懸命にドキュメントをレビューし、慎重にプログラムを作り、想定できる限りのケースを設定しても、どこかに不具合が残ってしまう」

それが、ITシステム開発というものです。

つまり、ITシステム開発という仕事は、常に、「多額の損害賠償」という大きな落とし穴のフチを歩き続け、仕事を続ける限り、そこから離れられないという危険な仕事と言えるわけです。

ベンダーの真価は、「不具合発覚後」に問われる

不具合の発生が不可避だとするなら、ベンダーとしては、それが発生しても損害の賠償をしなくても済むようにしなければなりません。それには、モノ作りの段階から、IT

の専門家としてできる限りの品質向上策を打っておくことはもちろん大切です。そのうえで、

「いざ不具合が発覚したとき、ベンダーはどのような行動をしたか」

ということも、大きなポイントとなります。

　ある大学の事務処理システムをベンダーが請け負ったときのことです。このベンダーは下請けで、一部のプログラム開発を請け負いましたが、完成し本稼働したシステムには、正常系業務に深刻な欠陥がいくつも残ってしまいました。

　元請けのベンダーは、ユーザーである大学に約25億円の損害賠償をすることになったのですが、「実質的な責任はモノを作った下請けベンダーにある」として、23億円の損害賠償を請求する訴訟(東京地方裁判所平成22年1月22日判決)を提起したのです。

　作業の実態をみると、下請けベンダーは、任された部分の開発を、ほぼ丸投げされた状態で行っていたようです。そのため、不具合を作り込んだのが下請けであることに疑いはありません。元請けベンダーが25億円の損害の約9割を請求する気持ちも、わからないではありません。

　しかし、裁判所が下請けベンダーに支払いを命じた金額は、6億円強でした。

　じつは、この裁判では、プログラムの不具合以外に、下請けベンダーによるデータの消失や、情報漏えいの危険のあるシステムを作ったことも争点となっていて、6億円というのは、おもにそちらの問題に対する損害賠償でした。

つまり、プログラムの不具合自体については、ほとんど責任を問われなかったことになります。

不具合を作り込んで、実害も出ているというのに、その賠償をほとんど命じられなかったとは、どういうことでしょうか。

判決文から、その部分をみると、裁判所の考えは以下のようなものでした。

「情報処理システム開発の特殊性に照らすと、システムの不具合があっても、本番稼働後、ベンダーが遅滞なく補修を終えるか、またはユーザーと協議したうえで相当な代替措置を講じたと認められるなら、瑕疵にはならない」

つまり、

「不具合の発覚後、ベンダーがどのように対応したか」

が、損害賠償が必要かどうかの重要な判断材料になるというのです。

余談ですが、こうした判断を裁判所がするということは、そもそも元請けベンダーは、ユーザーに25億円の支払いをせずに済んだのかもしれません。しかし、この元請けベンダーは、訴訟を提起することもなく、ユーザーに支払ってしまったので、この点については、裁判所の入る余地はありませんでした。

その不具合を損害賠償にしないための3つの工夫

　不具合を作り込んでも、損害賠償をせずに済む場合があるとは、ある意味、ベンダーにとっては朗報かもしれません。では、実際にベンダーは、どんなことをすべきなのでしょうか。

　当然のことながら、裁判所は、その点について細かくは解説してくれません。ここから先は、私自身がITコンサルタントとして数々のプロジェクトを見て、不具合発生時にも、ユーザーからの信頼を損なうことなく対応できたベンダーの例などから得た知見をお話しします。

1. 早い段階での初期調査をして、軽微な欠陥はすぐに直す

　当然のことですが、不具合の対応にはスピード感が大切です。特に、

「最初に連絡を受けたあと、どれだけ早く調査を開始するのか」

ということは、ユーザーの印象に大きな影響を与えます。そのうえ、タイミングを逃すと、不具合の原因究明に必要なログデータがなくなったり、人の記憶も薄れたりして、解決自体を難しくしてしまいます。

「連絡を受けたら、とにかく、現場に出向く」

　そのようにして、調査を開始することが大切です。

さらにやっておきたいことは、

「調査をしたうえで、すぐに解決可能な不具合については、その場で直してしまう」

ことです。もちろん、修正の影響については慎重に確認しなければならず、作業にはさまざまな承認が必要な場合もありますが、可能な限り、その場で直してしまいましょう。

これについては、多くのベンダーが、そのように心がけているとは思うのですが、中には、「かんたんな作業だから」とあと回しにして、ユーザーの不信を買い、問題が大きくなってしまう例もあります。

「すぐに直せるものすら、直してくれないのは、この仕事を軽んじている証拠だ」

などとユーザーに誤解されてしまうと、それを解くのに大変な労力を要することになります。

2. 見つかった不具合への対応計画を立てる

初期調査の結果、その場で修正できない不具合については、個別に対応計画を立てて、ユーザーと合意しておくことです。

システムに不具合があれば、ユーザー側もさまざまな対応をしなければなりません。不具合情報の発信や、問い合わせ対応、補修完了までの業務をどうするかの検討など、決めなければならないことがたくさんあるわけです。

そうしたユーザー側の検討材料としてもらうために、そ

して、なにより不具合が直るものなのかどうかをユーザー
に理解してもらうために、対応計画の提示とユーザー承認
は必須です。以下のことについて、かんたんでも書面にし
てユーザーに提出しておくことが必要でしょう。

- 想定される原因
- 対応方針
- スケジュール
- 対応責任者
- ユーザーへの依頼事項
- 報告／連絡方法
  など

　もちろん、こうした計画は、調査の進展によって変わる
ものです。しかし、すべての対応が決まるまでなにも出さ
ずにいると、ユーザーの不安と不信がどんどん大きくなり
ます。「あとで変わるかもしれない」ということを前提に、
早めに出しておくことが大切です。「ちゃんと調査をして
から」とユーザーになにも言わずに検討を進め、次に行っ
たときに、「お出入り禁止」となってしまったベンダーの
例もあります。

3.補修期間の業務について代替案を提案する

　判例の中でも裁判所が言っていますが、不具合の補修に
時間がかかるようなら、その間、業務をどうやって回すの
かについて提案することが必要です。

　もちろん、最終的に代替策を決定するのはユーザーの役
割ですが、システム化対象の業務を知る身として、あるい

は技術者として、提案はできるはずです。

「今のシステムでも、ここまでの情報提供はできるから、この部分だけ人手でデータを移行してほしい」
「この業務は当面、古いシステムで運用してほしい」

そんな提案をするわけです。
　もちろん、ユーザーのほうは、不具合の責任はベンダーにあると思っていますから、言い方をまちがえると、「責任回避しようとしている」とクレームをつけられることもあるかもしれません。それでも、本当にその時点でのセカンドベストな提案ができれば、わかってくれるでしょう。
　ITベンダーの役割は、ITシステムを作ることではなく、ITを使って業務改善に協力することです。

「自分たちは、不具合に対応するので、あとはよろしく」

これでは、その役割を果たしているとは言えません。

COLUMN ITシステム開発に関わる民法の改正（3） 瑕疵担保責任の考え方

従来の民法では、請負契約で納品した成果物に瑕疵（不具合やバグ）があって発注の目的が達成できない（要するにシステムが使いモノにならない）場合、発注者は、成果物を受け取ってから1年以内であれば、契約を解除することができました。逆に言えば、どんな不具合があっても、1年を経過してしまえば契約を解除できなかったということです。

しかし、システム開発の場合、成果物が複雑なので、重大な問題になかなか気づかないこともあります。また、現実の不具合発生を見ると、1年経過したかどうかに関わらず、請負人であるベンダーは、その修補を行うことが多いようです。

こうしたことをふまえて、新しい民法では、

「納品後1年ではなく、発注者が瑕疵に気づいてから1年以内に請負人に通知すれば、契約の解除ができる」

ということになりました。以下の条文です。

（目的物の種類又は品質に関する担保責任の期間の制限）
第637条

（前略）注文者がその（目的物の）不適合を知った時から1年以内にその旨を請負人に通知しないときは、注文者は、その不適合を理由として、履行の追完の請求、報酬の減額の請求、損害賠償の請求及び契約の解除をすることができない。

ちょっと、逆説的な書き方ですが、要は、

「発注者が瑕疵をいつ発見しても、請負人であるベンダーは、それを修補しなければならない」

ということに変わるようです。ベンダーには、ちょっと注意が必要かもしれませんね。

Part 4
下請けと上手に付き合うには

1 契約 Agreement

2 要件定義 Requirement definition

3 検収 Acceptance

4 下請け Subcontract

5 著作権 Copyright

6 情報漏えい Information leakage

俗に、「ITゼネコン」と言われるように、多段階の下請けがあたりまえになっているシステム開発の現場では、元請けと下請けの責任分担がよく問題になります。

「成り行きで、下請けに、当初お願いしていた以上の仕事をさせることになってしまった」
「問題が起きても、本来頼んでいない仕事なので、その責任はどちらが負うのかわからない」

そんなトラブルを起こすことなく、下請けに出した仕事を円滑に終わらせるには、どんなことをするべきなのでしょうか。

4-1
作業は丸投げ、支払いは？
——元請け vs. 下請け 裁判の行方

ユーザーよりもやっかいな、ベンダー同士の醜い争い

　IT訴訟の多くは、「注文者であるユーザーと受注者であるベンダーが、システムの品質や費用の支払いを巡って対立する」といった構図です。しかし中には、ベンダーとベンダー、つまり、元請けベンダーと下請けベンダーの争いもあります。

　「期待していた作業を下請けがやってくれずに、プロジェクトが失敗した」
　「自分たちはちゃんと作業をしたのに、元請けベンダーがお金を払ってくれない」

　そんな対立です。
　元請けと下請けの間の契約や約束事は、ユーザーとベンダーの間よりも、アバウトなものが多く、そのために苦労をするベンダーも少なくないように思います。

「作業分担がきちんと文書化されず、あいまいなまま作業が進んでしまう」

「『作業を終えたから費用を払ってほしい』と言っても、そもそも、どこまでが作業範囲だったのかわからない」

「最初に完成基準を決めていなかったので、納品物の品質が一定レベルに達しているかわからない」

そんな例をよく見ることがあります。

それでも、結果的に元請けがユーザーに納品して、検収をしてもらえれば、まだよいのです。しかし中には、ユーザーから、機能の不足や品質の悪さをとがめられて、検収も費用の支払いも受けられず、「自分たちは約束した仕事はした」と言う下請けとの板挟みになって、立ち往生する元請けの例もあります。

使えないモノを作った下請けにも、支払いをしなければならなかった！

ある元請けベンダーが、ユーザー企業の会計管理システムを受注し、その詳細設計、プログラミングなどを下請けベンダーに委託したところ、プログラムの品質が悪くて、ユーザー企業からの検収を受けられなかったということがありました。

ユーザーに検収してもらえなかった元請けベンダーは、当然、下請けへの検収と費用支払いを拒みます。プログラムに多数のバグがあったということなので、至極あたりまえのことでしょう。しかし、下請けベンダーは、それでも費用の支払いを求めて、裁判になりました。

そして、驚いたことに、この裁判では、元請けに対して費用の支払いを命じる判決（東京地方裁判所平成25年8月26日判決）が出たのです。

「ユーザーからはお金をもらえないのに、下請けには支払わなければならない」

という厳しい結果です。どうしてこんなことになってしまったのでしょうか。
　かんたんに言えば、これは元請けベンダーの"丸投げ"体質が招いた結果です。
　作業を下請けに任せた詳細設計フェーズ以降、元請けベンダーは、下請けの作業内容や、作業成果物をきちんと監視することをせず、漫然と眺めているような状態でした。元請けベンダーは、下請けの作業実施中、何回かに分けて、作業期間や作業内容、代金額などが記載された注文書を発行したものの、その際にも、下請けの作業内容や成果物をきちんと精査することなく、あたりまえのように受け入れて、文句1つ言わなかったのです。
　裁判所は、元請けベンダーが下請けから成果物であるプログラムを受け取ったとき、さしたるクレームもつけていないので、

「正式な検収をしていなくても、黙示的に検査の合格を示した」

と言うのです。

「納品時にベンダーがユーザーにダメ出しをもらったとしても、それまで下請けにクレームをつけなかった元請けは、いまさら下請けに文句は言えないし、費用を払う義務は消えない」

というのが、裁判所の判断でした。
　モノを作ったのは下請けであり、本来の責任はそちらにありますが、作業や成果物を監視しなかったために、元請けは大きな損害を被ることになってしまいました。まさに、"無作為は罪"というわけです。

"丸投げ"だけなら、元請けなんて価値がない

　それでは、元請けベンダーの皆さんがこうした憂き目に遭わないためには、どうしたらよいのでしょうか。
　すでに申し上げたように、この事件は、元請け側の"丸投げ"が招いた結果です。

「自分自身もITの専門家だったのに、ユーザーに受け入れてもらえない品質のプログラムを漫然と受け取り、クレームを入れる機会も持たなかった」
「それ以前に、下請けベンダーが品質を担保する活動（レビューなど）をきちんと行っていたかも確認しなかった」

　こうしたことが、不幸を招いてしまったのです。

「下請けベンダーが請負契約で作業を行っているなら、任せきりでもよいのでは？」

と考える方もいるかもしれません。しかし、結果としてこんな問題が起きてしまうくらいなら、契約形態にかかわらず、作業の進捗やリスクを共有することは必要でしょう。まして、この事件のように、受入テストもまともに行わないような任せ方は、正直、無責任と言われても仕方ありません。

請負契約であっても、作業と成果物に関してはきちんと監視して、問題があれば是正を促すことが必要です。

- 作業進捗の把握
- レビューやテストの内容と実施
- 検出された欠陥への対処などの把握
- プロジェクトのリスクと課題の共有

そんな程度のこともしないようでは、そもそも元請けベンダーなど必要ないとも言えます。

どんなに嫌われても口出しするのが元請けの仕事

元請けのするべき"ベンダーの監視"について、もう少し具体的に見てみましょう。

今回の判決のような事態を防ぐために、元請けがすべきことは、以下の3つです。

- 品質計画の立案
- それに基づく監視
- 欠陥への対応方針の検証

下請けの計画を合意のうえで決める

　品質計画とは、プログラムやそのほかの成果物の品質を守るための活動を定義することです。具体的には、「設計書やテスト仕様書のレビュー」や「プログラムのテスト」などを、「だれが」「どのタイミングで」「どのように」行うのか、その「合格基準はどのようなものか」を計画し、元請けと下請けが検討して合意します。

　「設計書のレビューは、下請け側プロマネの○○が、△月△日までに、グループ内で作るチェックリストに基づいて行います」
　「それをすべてクリアできたら合格として、次の工程に入ります」

　そんな計画を下請けが立て、元請け側が、

　「プロマネの○○さんだけでは、技術の細かいところが見られないのでは？」
　「チェックリストは、当社が標準的に使用しているものも利用してください」
　「『すべての項目が○となるまで合格としない』では、スケジュールに影響するので、誤字など、軽微なものは、対応期限を明確にするだけで"良し"としては？」

　このようなコメントを入れ、さらに検討をして、合意するわけです。

「レビュアーはこの人にしてください。合格基準はこれでなければダメです」

と対応を限定してしまうと、請負ではなくなってしまう危険があるので、頃合いを見計らう必要はありますが、現実的には、多少やりすぎでも、なんでも"お任せ"にしてしまうよりはマシです。

下請け側にとってはうるさいことかもしれませんが、最終的に品質の良いものができるなら、あとは笑い話になります。

常に監視の目を光らせる

こうして品質計画を立てたら、次は、「それが計画どおりに行われているか」を監視します。監視した結果、もし計画どおりに行われていないなら、その原因と是正策を話し合い、品質計画を見直します。

「じつは、レビュアーの仕事が忙しくて、レビュー実施が遅れた（遅れそう）」

という問題を適宜に把握して、代替策を元請けと下請けが検討します。

「それは、下請けの問題だから……」と、歯牙にもかけない元請けの担当者もいますが、それは、やはり無責任です。結果的に下請けに対応を任せるにしても、あとになって自分の上司から

「なぜ、下請けに任せたんだ」

と尋ねられたとき、

　「下請けは、代わりに□□さんをレビュアーにすると言いましたが、彼に相応のスキル・知識があることは、私が直接面談をして確かめました」

と、説明できることが大切です。

> もしもの欠陥まできちんと備える

　品質計画に沿って実施されたレビューやテストで検出された欠陥への対応方針についても、きちんと検証し、監視することが大切です。

　「欠陥の原因、その対処方針と対応者、時期、対応によって、プロジェクト全体に影響があるか」
　「もし欠陥が解決しなかった場合、どうするか」

　そうしたことを下請けベンダーに考えてもらい、その妥当性を検証することも、忘れてはいけないことです。
　もしかしたら、こうしたアクションに反発する下請けがいるかもしれません。また、これだけの管理を行うとなると、工数やコストが膨らんでしまうことだってありえます。
　それでも、こうした活動を行わなかったがために、プロジェクトの最終盤で、スケジュールとコストが大幅に狂って、元請けと下請け、共に大きな痛手を被る姿を、私は今まで何度も見てきました。最近増えているオフショア開発では、なおさらです。

品質計画の立案や監視は、お互いに面倒だし、窮屈でしょう。しかし、「1度の失敗が、10回のプロジェクト成功で得た利益を食いつぶし、おまけにユーザーの信頼を失ってしまう」というのが、システム開発というものです。元請けベンダーのため、下請けベンダーのため、そしてユーザーのためにも、こうしたことは、ぜひ実践したいところです。

4-**2**

下請けが現場をトンズラ。取り残された元請けの運命は？

不満は少しずつ、知らないうちにたまっていく

　人と人の間でも、どちらか片方が気づかない間に、もう片方が相手に不満を抱き、それが徐々に吹きだまっていくことは珍しくありません。部下の不平不満に気づかない上司、奥さんの鬱憤を気に留めない旦那さん、友人や恋人同士であっても、そういったことは珍しくないでしょう。

　ITシステム開発の元請けと下請けの間でも、同じようなことがよくあります。

　「元請けベンダーが、『少しくらいはいいだろう』と下請けの作業範囲を当初の約束より増やす」
　「エンドユーザーとの要件定義がなかなかうまくいかず、いつまでも明確な作業指示をしなかった」
　「あいまいな作業範囲を、お互いが都合良く解釈していて、作業を始めてから、『当初の約束とは違った』と元請けベンダーへの不満を鬱積させていく」

　このような例は、意外と多いものです。

それでも、その不満がある程度の範囲で収まっていれば、下請けベンダーとって、元請けベンダーも"お客様"なので、できるだけ対応しようとします。中には、そうした柔軟性こそ、自社の"売り"であると胸を張る下請けもいるほどです。

しかし、それも限界を越えると、下請けは、

「このまま作業を続けても赤字が膨らむばかりだし、納期も変えてくれないので、苦しいばかりだ」

と、プロジェクトから逃れたいと考えるようになるでしょう。実際に、そうしてしまうベンダーもいます。

そうなれば、下請けを頼りに仕事をしてきた元請けは大混乱です。下請けにしても、費用を取れないうえ、元請けからの信頼をなくしてしまうので、こんなことは、できる限り避けたいところでしょう。

こうした問題を起こさないため、効果的な対処法はないものでしょうか。判例（東京地方裁判所平成22年7月13日判決）を基に考えてみたいと思います。

積もった不満が爆発、下請けは蒸発

ある大学のシステムの開発を受注した元請けが、作業の一部を下請けに委託したのですが、下請けへの発注は、元請けとエンドユーザーの要件定義の完了前でした。そのため、下請けの作業開始後にも、機能追加が相次ぎ、下請けの作業工数と費用は、当初の予定を大幅に超えることになってしまいました。そこで、下請けは元請けに対して、約

1000万円の追加費用の検討を求めました。
　それに対して、元請けは、

「金額の妥当性を評価し、正当と判断できれば追加費用の支払いを検討する」

と、下請けの資料の提出を求めます。しかし、なぜか下請けは、その時点で新たな資料を提出せず、最終的には、作業担当者を引き揚げてしまいました。おそらく、下請けも相当追い込まれ、かつ、その責任は全面的に元請けにあると考えていたのでしょう。「ここでやめても、これまでの費用はもらえるはずだし、さっさと引き揚げて、ほかの仕事をしたほうが得策」と判断したと考えられます。
　ところが、元請けは、

「自分たちは大変な迷惑をかけられた。契約を解除して、費用はいっさい払わない」

と言います。下請けは、当然これに異を唱えます。

「作業を完遂できなかったのは、元請けがプロジェクト管理責任を果たさなかったからだ。つまり、エンドユーザーからの追加要望を唯々諾々と受けて、それを下請けに押し付ける元請けの態度が問題だ」

として、報酬相当額と損害賠償合わせて2500万円の支払いを求め、裁判を起こしたのです。
　下請け側にどのような勝算があったのかは、わかりませ

んが、「元請けが『追加費用の相談に乗る』と言っているのに、勝手に引き揚げてしまった」という点だけを見ると、いかにも非常識な感じがします。

　裁判の結果も、おおむね、そうしたものでした。

「突然、作業員を引き揚げてしまう」
「ちゃんと交渉して、それがうまくいかなかったとしても、引き継ぎをするなど、プロジェクトへの迷惑を最低限に抑える努力もしない」

　これでは、さすがに、「プロとしてお金をもらえる作業ではない」ということです。

元請けと上司の板挟みになった、下請けプロマネの苦悩

　この判決自体は、私もある程度納得するものではあります。ただ、下請けのほうも、こんな決断をするには、相当の苦しみがあったのかもしれません。
　私自身も、下請けベンダーのプロマネとして、同じような苦境に立たされたことがあります。

「納期も迫っているので、1日も早く、プロジェクトに参加して作業を開始してほしい」

と元請けに頼まれ、なにはともあれ、早々にメンバーをそろえ、できるところから作業を始めました。
　しかし、次々と作業が追加され、内部的な赤字が膨らん

で、上司からは、「どうなっているのか」と責められ続けるものの、元請けのほうは、なかなか要件を凍結してくれません。

ついには、「これ以上の赤字を認められない」と上司が強権を発動して、メンバーの引き揚げを決定してしまいました。「今すぐでは、相手にも迷惑がかかるから、引き継ぎくらいはさせてほしい」と言っても、「もう1人日も無駄にできないし、ほかの仕事も待ってるんだから」と聞いてくれないような状況でした。

ただ、私の場合、それでもメンバーを引き揚げることはせず、結局、上司に怒られながらも、なんとか説得して、赤字を出しながらも最後までプロジェクトをやってしまいました。

どこの下請けベンダーでも、同じような状況はありえるでしょう。場合によっては、プロジェクトをやめてしまうこともあると思います。

その際、この判例のような、汚い終わり方をしていては、お客様からの信頼はガタ落ちです。万が一、こうしたことが続けば、下請けベンダーも経営的な危機になってしまいます。

元請けベンダーにしても、仕事を頼んだ下請けに逃げられることが続けば、それこそITベンダー業などやっていられません。

「赤字か中止か」判断できるのは上司だけ！

それでは、こうしたことを防ぐために、元請けベンダーと下請けベンダーは、どんなことをしておくべきなのでし

ょうか。

　そもそも、こうした問題が起きたとき、元請けと下請けのプロマネや営業担当者だけで解決しようとしても限界があります。たとえば、私自身の例で言えば、プロジェクトの実施中に、「プロマネとして自主的に作業をやめてしまうべきか」と考えたりもしました。しかし、よく考えてみると、「プロジェクト（この場合は、下請け作業）をやめる」という判断は、プロマネの枠を超えています。プロマネというのは、プロジェクトあっての存在なので、「プロジェクトを潰す」という判断は職責上できません。

　「このプロジェクトをやめても、ほかに仕事があるし、今やめておいたほうが、経営的には得策だ」
　「元請けには迷惑をかけるが、むしろ、こうした元請けとは、今後の付き合いを考え直すべきだ」
　「それなりの責任者がきちんと謝罪をすれば、元請けとの関係も丸く収まり、双方の損害についても経営陣同士で話せば、解決策が見つかる」

　こんなふうに、経営面も考慮して、大局的な視点で方針を決めるのは、プロマネには、そもそもできないことでしょう。

　「プロジェクトをやめるか」
　「赤字を膨らませ続けても継続すべきか」

という判断は、もっと上のエライ人がするべき判断です。
　その意味では、私の上司がプロジェクトの中止を勧告し

たのは、権限上、正しいことでした。そのうえ、あとになって私の話を聞き、プロジェクトの赤字と顧客との今後の関係を天秤にかけて、継続を許容してくれたのは、部内全体の損益を見られる上司だからこそできたことでした。プロジェクト内のコストだけを管理していた私（プロマネ）には、できない判断だったわけです。

　もし、上司が私にすべて任せきりで、なにも口出しせずにいたら、どんなにプロジェクトが苦しくなっても、私は、

「プロジェクトをやめることもできない」
「さりとて赤字も許されない」

という、八方塞がりの状態に陥ったことでしょう。もしかしたら、赤字を隠すために、ウソの報告を続けて、なおいっそう、苦しむことになったかもしれません。

　同じような状況になって、苦しんだ揚げ句、会社を辞めて行方不明になったプロマネを、私は実際に知っています。プロマネの職責には限界があるのです。

　こうした苦しみは元請け側のプロマネも同じです。ワガママなエンドユーザーと、「これ以上の作業は勘弁してくれ」という下請けの板挟みになって、「それでも赤字を出してもいい」とか「いっそのことプロジェクトをやめてしまえ」と判断するまでの権限は、プロマネにはないでしょう。元請け側でも、それなりの経営判断をできる立場の人間にしか、その権限はないはずです。

エラい人同士の「大人の会話」で、トラブル解決と生産性向上をねらえ

　そう考えてみると、元請けと下請けが作業をする際には、双方のしかるべき責任者（最悪の場合、プロジェクトの中止や赤字を許容する権限を持った人間）が、プロジェクトの状況を監視して、定期的に話し合うことが効果的でしょう。「ステアリングコミッティ（38ページ）をつくる」ということです。

　もちろん、それなりの立場の人間は、一般的に多忙です。定期的な会議といっても、そう頻度を上げられるものでもありません。それでも、たとえば

　「月に1回、あるいはプロジェクトの工程完了前などに顔を合わせ、腹蔵なくお互いの問題を出して、一緒に解決策を考える」

ということが、プロジェクトの重大な問題を解決するためには効果的です。

元請け側　「御社が赤字で、人手も不足しているのはわかりますが、なんとか追加作業をお願いできませんか」
下請け側　「わかりました。その額の赤字なら、私の責任でなんとかします。ほかの事業部にも声をかけて、空いている人間を投入しましょう」
元請け側　「ありがとうございます」
下請け側　「その代わり、システムが保守段階になったら、ウチにも、一部請け負わせてください。それと、ウチが作ったプロダクトの販売権も、オタクとウチ

の共有ってことにしてください……」

　こんな、プロマネにはできない"大人の会話"で解決できる問題も多いはずです。

　ステアリングコミッティの出す解決策は、プロマネ同士の会話で出てくる解決策より、大胆かつ迅速です。それなりの権限を持った人間が、直接話し合うわけですから、双方のプロマネが、狭い権限の中、窮々としながら出す解決策より、よほど効果が見込めるでしょう。

　さらに理想を言えば、このステアリングコミッティには、必要に応じて、双方から信頼される中立的な立場のITコンサルタント（巨大プロジェクトの場合は、弁護士など）を仲裁者に入れておくとよいでしょう。双方が対立して解決策を見出せないようなとき、問題の解決に役立ちます。

　また、ステアリングコミッティが機能していれば、元請けと下請けのプロマネは、費用や作業範囲、納期などでモメたとき、自分たちの神経を必要以上にすり減らすことなく、粛々と作業を続けられます。お互いの作業品質と生産性が向上するという効果も見込めるのです。

　ステアリングコミッティにより、問題の影響を最小限に抑えようという施策は、大きなプロジェクトでよく見られます。小さいプロジェクトにおいても、プロマネの上司の課長さん同士が、事あるごとに話し合い、問題を解決するという姿は、珍しくありません。

　大切なことは、課長さんの責任感とプロマネからの迅速な情報共有です。

4-3
契約では「設計以降」を お願いしていますが 「要件定義」もやってくださいね。 下請けなんだから

パッケージソフト導入に潜む落とし穴

　最近は、システムを作るとき、1からプログラムを作ること（いわゆるスクラッチ開発）は、すっかり少数派となりました。主流となっているのは、サードパーティが作ったパッケージソフトウェアをカスタマイズしてユーザーに提供する開発です。ユーザーから開発を請け負った元請けベンダーが、パッケージベンダーからソフトの提供を受け、ユーザー向けに仕立て直して提供するというものです。

　少し形は違いますが、クラウド上でベンダーが提供するアプリケーションを自社向けにカスタマイズして使用するSaaSなども、似たような体制（ユーザー、元請けベンダー、クラウドサービスのベンダー）で、システムを構築します。

　開発期間が短縮できて、多くの導入実績もあるこうした開発方式は、ユーザーにとっても、元請けベンダーにとってもメリットは多く、もはや、業務システム開発の主流といってもいい地位を占めた感があります。

ただ、あたりまえのことですが、開発数が増えれば、失敗する数も増えるわけです。最近の紛争例を見ても、パッケージソフトに関わる裁判の割合は、かなり増えてきたように思えます。

　中でも、パッケージを利用した開発の場合、ユーザーと直接契約をした元請けベンダーと、ソフトウェアを提供するパッケージソフトベンダーの責任分界点、役割分担を巡る紛争を、よく見るようになりました。

元請けベンダー　　　　　「既存システムとのインターフェース設計は、オタクがやってくれるんじゃなかったの？」
パッケージソフトベンダー　「うちは、パッケージソフトの仕様を公開するだけです。設計と実装は、元請けさんでお願いします」
元請けベンダー　　　　　「だって役割分担表じゃ、インターフェース設計はオタクが支援するって……」
パッケージソフトベンダー　「だから、仕様を公開したんじゃないですか。質問があれば、お答えしますよ」
元請けベンダー　　　　　「そんな……。オタクのソフトの技術的な内容なんて、ウチの技術者じゃわからないよ……」

　こんな会話が起こってしまうのも、このパッケージソフト開発の特徴です。

　特に、裁判になるような大きな問題になりやすいのは、毎度おなじみですが、要件定義工程です。

「パッケージソフトをどのように作り変えるのか」
「それは、可能なことなのか」

こうしたことは、通常、中身をよく知るパッケージソフトベンダーでないとわからないことも多く、ユーザーとパッケージソフトベンダーの間で交わされるカスタマイズ要件に関するやりとりを、元請けベンダーは、横で聞いているだけということも少なくありません。

もちろん、パッケージソフトベンダーというのは、パッケージソフトと、その導入例について多くの知見を持っていますから、こうした体制も、ある意味、現実的ではあります。しかし、契約としては、ユーザーの要件定義を手伝う主体は元請けベンダーにあるので、

「この要件定義がうまくいかないとき、その責任をだれが負うか」

については、複雑な問題になってしまうでしょう。

こうした問題を巡って裁判になった例（東京地方裁判所平成17年7月27日判決）もあります。

下請けに任せた工程が大失敗。それでも元請けの責任？

あるITコンサルタント会社（元請けベンダー）が、鉄工業者（ユーザー）から、生産管理システムの開発を請け負いました。パッケージを使用しての開発でしたが、元請けベンダーから下請け発注されたパッケージソフトベンダーが中

心になって行うカスタマイズ要件の定義が、いつまでたっても終わらず、

「このままでは完了の見込みはない」

と判断したユーザーは、契約を解除してしまいました。
　元請けベンダーとしては、自分たちが実質なにもしていないうちに契約解除となってしまったので、その損害の補償を、パッケージソフトベンダーに求めました。

「カスタマイズ要件がまとまらなかったのは、パッケージソフトベンダーの債務不履行だ」

しかし、パッケージベンダー側は反論します。

「契約形態から見ても、自分たちは"単なるお手伝いの身"であって、要件をまとめきれなかった責任は、元請け側のプロジェクト管理責任だ」

　裁判では、いろいろと議論が尽くされましたが、結局、元請け側の敗訴となりました。パッケージソフトベンダー側の主張のとおり、

「契約上、パッケージソフトベンダーは、本来、元請けベンダーが行うべきであるユーザーとの要件交渉を手伝っていただけで、プロジェクトがうまくいかなかった場合の責任は、やはり、元請けベンダーが負うべき」

とするものです。パッケージソフトベンダーが、いかに中心になって作業をしても、その責任は元請けが負うべきであることを表した例です。

どうしてこのようなことになってしまったのでしょうか。

結局この問題は、元請けベンダーが、あまりに要件定義への関与が低く、パッケージソフトベンダーに頼りすぎてしまったために起きた問題でした。しかし、同じようなことは、ほかの開発でも見かけます。元請けベンダーに、パッケージソフトの中身を真剣に勉強するモチベーションがない場合です。

たとえば、SAPのように、世の中に広く知られたパッケージソフトで、これを知っていれば、明らかに商売が広がるようなものであれば、元請けベンダーも熱心に勉強し、「自分自身で、カスタマイズ要件定義はもちろん、業務設計、アドオン開発までできるように」と頑張る気になります。しかし、次にいつ使うかわからないパッケージソフトだと、元請けベンダーの技術者も、それほど熱心に学ぶことはなく、むしろ、

「要件定義から最終テストまで、すべてをパッケージソフトベンダーに丸投げしてしまったほうがよい」

と考える場合があります。

しかし、たとえそうしたケースであっても、ユーザーと契約をしているのは、元請けベンダーです。パッケージソフトベンダーが中心になって行うカスタマイズ要件定義が、うまくいかないとき、これをコントロールして是正する責任は、やはり元請け側にあります。

パッケージソフトベンダーに明らかな問題（ユーザーの要望しない要件を定義したり、必要な成果物を作らなかったりなど）があれば別ですが、

　「ユーザーの要望とパッケージソフトの機能の隔たりが埋められずに、交渉が長引いた」

という今回のケースのように、パッケージソフトベンダーに明確な落ち度が見られないような場合、元請けベンダーは、ただ側で見ていただけでも、いえ、むしろ側で見ていただけだったからこそ、その責任は大きかったというわけです。

「このソフト、よくわからないから任せるね」はもう通用しない

　私の経験上で言えば、やはりパッケージソフトを使った開発をするなら、元請けベンダーも、それなりのスキルを保有すべきです。
　手っ取り早いのは、

　「パッケージソフトベンダーの要員に、要件定義の間だけでも、派遣契約のような形で元請けベンダーへ入ってもらう」

ということでしょう。問題が起きたとき、元請けベンダーが責任を持つことには変わりありませんが、責任分界点がないので、そこでモメることはありません。

さらに、来てもらったパッケージソフトの技術者にお願いできる作業範囲も広がります。お願いする作業に、時間以外の限界はなく、ある意味、なんでもお願いできるので、「そこまでやるとは、約束していない」と拒絶されることもないわけです。

　もし、どうしても、

「要件定義の責任をパッケージソフトベンダーの会社に任せたい」

というのなら、その工程に関する契約をユーザーとパッケージソフトベンダーの直契約にしてしまい、元請けベンダーはプロジェクト管理に徹することでしょう。ベンダーとしてのプレゼンスは、グッと下がってしまいますが、ある意味、元請け側には安全な方法とも言えます。

　もちろん、最も望むべき形は、

「元請けベンダーが技術面を含めた要件定義をできるようになり、パッケージソフトベンダーには質問対応のみで済むようにする」

ということです。

　本来、「元請けベンダーがパッケージソフトを担ぐ」とは、そうしたことのはずなのですが、世の中のトラブルプロジェクトを見ていると、こうした責任をまっとうしていない元請けの数は、かなり多そうです。

　いずれにせよ、パッケージソフトを利用した開発がすっかり主流となったいま、元請けベンダーは、パッケージソ

フトベンダーとの間の責任分界点を明確にする必要があります。要件定義はもちろん、テストや導入後の保守など、パッケージソフトベンダーの支援を受けなければならない局面はたくさんあるでしょう。

　例示した裁判のように、明確な役割分担も定めずに、パッケージソフトベンダーのセールスマインドに甘えたような作業依頼は、もう通用しない時代になりつつあります。

Part 5
著作権で保護される範囲を心得る

近年、ソフトウェアの著作権を巡る争いが増えています。形が見えにくく、比較的かんたんに複製できてしまうせいか、ソフトウェア開発では、つい他人の作ったモノを流用してしまったり、転職前に自分で作ったプログラムを新しい会社で使ったりしてしまうことも多いようです。

ソフトウェアを著作物と認めるためには、いくつかの条件があります。すべてが問題になるわけではありませんが、

「他人のモノを勝手に使っている」

と裁判所が判断すれば、多額の損害賠償を命じられたり、場合によっては、"刑事罰"の対象にもなったりします。

「著作物とはなんなのか」
「なにが許されて、なにがダメなのか」

そのようなことを、しっかりと把握しておくことが大切です。

5-1 個性的ならOK？
——著作権法で守られるソフトウェアの条件とは

ソフトを真似されたのに、なにも違反にならない!?

　コンピューターのプログラムは、基本的に「命令や、その実行のための変数を集めただけのもの」であって、決して芸術や文学の類ではありません。しかし、作る側からすると、

　「どうすれば効率よく、安全に、そしてなにより正しく動作するのか」

と、散々頭を悩ませ、自分なりの工夫をしながら作るので、だれかが勝手にコピーして使ったら、"盗まれた"という被害者感情を持つこともあるでしょう。プログラムだけでなく、たとえば、設計書や画面や帳票のデザインなども、やはり、さまざまな工夫や創意があって初めてできあがるものなので、その権利は守ってほしいし、盗まれたら損害賠償だって求めたいところです。

　裁判の例にも、そうしたものがあります（東京地方裁判所平成16年6月30日判決）。ちょっと見てみましょう。

あるソフトウェア開発会社（被告）が、Microsoft Excelを利用して、サーバー上のデータベースを操作するソフトウェアを開発したところ、このソフトウェアの画面が、別のソフトウェア開発会社（原告）の作成したソフトウェアの画面に酷似していると訴えられました。
　２つの画面を見比べてみると、

　「上段右側に操作対象になるデータベースのテーブル名がツリー状に表示され、選択できるようになっている」
　「画面中部にデータベース操作言語（クエリ）を入力する箇所が配置されている」
　「画面下部には、操作の結果データを表示する部分がある」

など、確かによく似ています。「真似された」と訴えた原告の会社も、画面の見やすさや操作性を一生懸命に考えた末、ソフトウェアを完成させたのでしょうから、損害賠償を請求する気持ちもわからないではありません。
　この場合、訴えた原告のソフト開発会社が問題にしたのは、著作権です。だれかが書いた小説や音楽のアイデアをほかの人間が無断で流用し、自分の作品として販売すれば、それは著作権法に違反したとして損害賠償になります。この裁判では、

　「ソフトウェアの画面が、著作権を犯したものかどうか」

という問題になりました。ただ、著作権を認めてもらうには、この画面設計が"著作物"であると認めてもらわなく

てはいけません。

では、"著作物"とはなんでしょうか？

著作権法の第2条には、次のようにあります。

「思想または感情を創作的に表現したもの」

このシステムの画面設計の場合は、どうでしょうか？

正直なところ、著作権法でいうところの、「思想または感情を創作的に表現したもの」は見当たりません。データベースを操作する画面に、「テーブル名のツリー」「クエリ入力部」「データの表示部」が並んでいることなど、非常にありふれた形です。実際のところ、世の中にあるほとんどのソフトウェアの画面は、どこかで見たようなものが多く、逆に、「そのほうが、操作者が使いやすい」という場合も多いので、本当に独創的なものは、おそらくごくわずかではないでしょうか。

被告側の会社も、そうしたことを述べて、

「この画面設計は著作物ではない」

と反論しました。

そして、裁判所もやはり、

「この画面デザインは著作物とは認められない」

という判決を下したのです。

独創性がなくても、
とにかく個性が見えるモノならいい

　この結果に、私は複雑な思いを抱きました。確かに、この画面デザインのどこを見ても、思想や感情はもちろん、創作性は見当たりません。しかし一方で、「本当に、それでよいのか」という思いも否定しきれません。いくら凡庸な画面であっても、技術者は、ここに至るまで、ユーザーの使いやすさや見やすさと、技術的な難易度や工数などを考慮して、頭をひねって作ったはずです。そうした努力がまったく認められないのは、やはり残念な結果だという思いが残ります。そもそも、

　「思想や感情、独創性がないと、著作権が認められない」

というなら、いくら著作権法に、「プログラムやデータベース、設計書が対象となりえる」と書いてあったとしても、そんなものは、"絵に書いた餅"にすぎない、そんな思いすら抱いてしまいます。

　しかし、判決文をつぶさに見ていくと、このあたりについて、裁判所がどのように考えているのかわかる部分があります。判決文の中に、以下のような文面があったのです。

　「創作的に表現されたというためには、厳密な意味で、独創性を発揮されたものであることが求められるものではなく、制作者のなんらかの個性が表現されたものであれば足りる」

かんたんに言えば、

「思想や感情、独創性がなくても、とにかく個性が表現されていればよい」

ということです。たとえば、次のようなものであれば、著作権が認められると考えられます。

「処理を少しでも早くするために、自分なりの工夫をしたプログラム」
「使う人の特性を考慮して、なにか自分でアイデアを出した画面設計」

今回の裁判の場合のように、だれもが考えつきそうな画面構成では、さすがに認められないけれども、「この人ならではの作りだね」と周囲が認めるようなら、著作権を認められる可能性があるということです。

ただ、正直、こうした裁判所の意見をもってしても、現実的に、著作物とそうでないモノの境、つまり、著作物であることの条件・基準が明確に定められているわけではありません。やはり、

「現行の著作権法では限界があるのではないか」

というのが、率直なところです。

ほしい権利は、契約書に書いておくべき

　著作権法で守りきれないとすれば、制作者は自分の権利を認めてもらうために、なにをしたらよいでしょうか。

　通常は、設計書やプログラムにコピーライト句をつけるなどして権利を宣言します。ただ、たとえば、顧客への納入物でコピーライト句をつけることに抵抗されるような場合もあります。そういうときには、自分たちと顧客の権利、あるいは元請けと下請けの権利を、契約書にしっかり書き込むことが必要でしょう。

　実際、ベンダーや下請け会社が作成したプログラムを、ユーザーや元請け会社が無断で改造し、再販するような事件もあります。そうしたことを防ぐためには、著作権法に書かれている諸権利を契約書に写し取って、その権利をどちらが有するか、あるいは共有とするかについて話し合い、決定していくことです。

　たとえば、著作権法で認められる権利に「複製権」というものがあります。作成したモノをパソコンのハードディスクやサーバーへ蓄積する権利のことで、もともとあったソフトウェアに小規模な改造をしただけのものでも、この対象となります。

　この複製権について、以下のようなことを契約書に書きます。

・複製権を認めるか否か
・その際の条件はどのようなものか
・範囲はどうか

「複製は、開発が終了するまでの間、双方が、開発に使用する機械にのみ認める。ただし、ベンダーは作成したプログラムをほかの開発に流用できるが、その際には、別紙に記す条件を満たすこと……」

といった感じでしょうか。

著作物に関する権利は、これ以外にも、以下のようなさまざまな権利があります。

- 作成したモノを公に展示する「展示権」
- 複製物を頒布する「頒布権」
- 複製物の譲渡により公衆に提供する「譲渡権」
- 複製物を公衆に貸与する「貸与権」

このあたりは、1度著作権法を読んで、どのようなものがあるのか、参考にされるとよいかもしれません。

また、著作権以外でも、ソフトウェアの販売に関する権利や、再利用する権利などもあります。お互いの主張がぶつかるときには、権利を部分的に共有するなどの方法もあるので、弁護士ともよく相談をして、契約書を作成していくことが大切でしょう。

ITシステム開発の作業成果物を守るためには、必ずしも著作権法だけでは十分ではありません。しかし、著作権法の意図は、

「苦労してなにかを生み出した人の権利は守ろう」

というもので、そのことは、ITシステム開発の作業成果

物にも通じる考えです。契約書を作成する際にも、やはり、その「心」は理解しておいたほうが、お互いに理解しやすい形になると思います。

5-2
プログラムの「盗用」は本当に阻止できる?

個性なんて求められない現実で、著作権はどうなるか

　前節では、「設計書やプログラムは著作権保護の対象となりえるけれども、そこには制作者の個性や創作性などが必要である」というお話をしました。「この人だから、このようにできた」と第三者に認めてもらうことが大切だということです。

　ただ、そうは言っても、設計書やプログラムは、もともと創作を目的に作るものではありません。中には、意識して自分ならではの工夫や考えを盛り込む人も、いないことはないかもしれませんが、たいがいは、求められた機能や性能を満たし、のちの改修や保守作業もやりやすいように作ることが最優先でしょう。"著作物"として認められることなど、まったく考えもせず、自分の個性を活かすことなど、二の次、三の次です。

　むしろ、効率よく品質の良いものを作るシステム開発では、自分ならではの工夫など最小限に抑え、他人の作ったものを改造しながら、ありふれた形のモノを作ったほうが喜ばれるし、自分もラクです。実際には、著作物と認めら

れる設計書やプログラムは、かなり少ないのではないでしょうか。

　「いや、むしろソフトウェアに対する著作権なんて、六法全書に書いてあるだけで、実際に認められることなんかないんじゃない？」

　そんな声だって聞こえてきそうです。
　しかし、「ソフトウェアの著作権が認められたことなど、まったくないのか」というと、そんなことはありません。じつは、かなり古く、昭和57年のゲームのソフトウェアを巡る裁判において、東京地方裁判所がプログラムの著作権を認める判決（昭和57年12月6日判決）を出しています。

著作権を勝ち取った「パックマン事件」

　問題になったのは、ゲームセンターに設置されるゲーム機のROMにインストールされたプログラムで、私のような年代の人間には懐かしい、「パックマン」というゲームです。当時は大変な人気で、どこのゲームセンターにも必ずと言っていいほど設置されていたゲーム機でした。
　ゲーム機を販売していたのは、あるゲーム会社でしたが、「パックマン」のプログラムを作ったのは別のソフトウェア会社でした。つまり、ソフトウェア会社の作ったプログラムを、ゲーム会社が機械のROMにインストールしてゲームセンターに設置していたわけです。
　ところが、大ヒットに気を良くしたのか、ゲーム会社は、この「パックマン」のプログラムを別のゲーム機のROM

にインストールして売りました。プログラムを作ったソフトウェア会社に無断の販売で、当然、ソフトウェア会社には追加の費用も払われません。

この当時、コンピューターの主役は、あくまでハードウェアであって、プログラムなどのソフトウェアは、「それを動かすための命令の並び」としか考えられていませんでした。言ってみれば、「家電を操作するための手順程度のもの」であり、ソフトウェアそのものには、たいした価値も認められていない時代だったのです。

「ほとんど価値のないものなら使いまわしても問題ないだろう」

ゲーム会社が、そこまで考えたかはわかりませんが、ソフトウェアに関する権利を軽視していたことは確かでしょう。

しかし、ソフトウェア会社からすれば、苦労して作ったゲームを勝手に使い回されては、かないません。ゲーム会社の行為を、

「プログラムの著作権の侵害に当たる」

として、訴えを起こしたのです。

しかし、ゲーム会社は次のように反論しました。

「そもそも、このプログラムは著作物ではなく、著作権侵害には当たらない」

ソフトウェアの著作権についての裁判は、非常に珍しく、また、人気のゲームに関する事件だったので、この裁判は、当時、世間の注目を集めました。
　そんな中、裁判所は、ソフトウェアの著作権を認める判決を下しました。原文は多少回りくどいので要約すると、次のようなものでした。

　「このソフトウェアは、プログラム作成者の論理的な思考によってできたもので、作成者の個性が表れた学術的思想の創作的表現であるから著作物と認められる」

　この判決は、のちのソフトウェア著作権を巡る裁判にも、大きな影響を与えたものだったと思います。

　「そもそも、ソフトウェアも著作権保護の対象となりえる」
　「著作物と認められるためには、個性が表れた創作的表現であることが必要」

　このような判断は、新聞などでも大きく扱われました。
　「パックマン」のプログラムのどこが、"個性が表れた創作的表現"だったのか、明確にはわかりませんが、当時はコンピューターゲーム自体が珍しい時代でしたから、その制作にあたっては、エンジニア独自の工夫や創意があったことでしょう。裁判所も、そのあたりを認めて判断したのかもしれません。やはり大切なのは、

　「制作者の個性が表れているか」

ということのようです。

「個性があるか」の基準は、かなりあいまい

　同じように苦労して作ったプログラムでも、以下に示す判例のように、著作物とは認められなかったものもあります。こちらは比較的最近の平成24年の裁判（東京地方裁判所平成24年12月18日判決）です。

　あるソフトウェア開発業者が、ある顧客企業に光ディスク装置を制御するソフトウェアを開発し納入しました。契約では、

「納入した成果物の著作権は顧客企業に移転する」

と定められていたのですが、のちに、ソフトウェア開発業者が、同じ機能を持つソフトウェアを別に開発して、独自に販売しました。前の顧客あてに作ったプログラムの主要部分を流用して、別のプログラムを作って売ったというわけです。

　顧客企業は、これを許さず、訴訟を起こしました。

「ソフトウェア開発会社は、著作権を侵害している」

訴えられたソフトウェア開発業者も反論します。

「自分たちの作ったプログラムは、そもそも著作物ではないから、著作権侵害には当たらない」

これについて、裁判所はプログラムの内容を吟味しました。光ディスク装置を制御するプログラムというのは、「ディスクからデータを読み書きする」というありふれた機能が並ぶだけで、プログラムの中身も、ある意味、定型的な命令の集合にすぎません。結果、「独創性もなく、著作物とは認められない」として、顧客企業の訴えを退けました。

　「だれが作っても、結果的には似たようなものになったはず」

と言うのです。同じプログラムでも、独創性があるかないかによって、「パックマン」とは、まるで違う結果になってしまいました。
　こうして２つの判例を見比べると、実際のところ、

　「著作権を認めてもらう基準というのは、かなりあいまいなものである」

と言ってもよいでしょう。「なにが、独創的で個性あふれるものであるのか」について、そこに明確な線引きや条件はありません。正直、著作権法だけに頼って権利を守ろうとすること自体、作り手にとって、あまり得策とは言えないようです。

あとから権利でモメないための契約書モデル

ソフトウェアの権利を守るなら、前節で書いたような権利について、1つ1つ、契約書に記しておいたほうがよいでしょう。参考までに、一般社団法人 情報サービス産業協会（JISA）が刊行している『ソフトウェア開発委託基本モデル契約書』から、ソフトウェアの権利に関する部分を抜粋して紹介します。

このモデル契約書には、もちろん著作権についても記述もあります。これらの権利を著作物に限定したくなければ、第45条を著作物に限らないように、書き換えることもできるでしょう。

> （納入物の所有権）
> 第43条　乙が本契約および個別契約に従い甲に納入する納入物の所有権は、当該個別契約に係る委託料が完済された時期をもって、乙から甲へ移転する。
>
> （納入物の著作権）
> 第45条　納入物に関する著作権（著作権法第27条および第28条の権利を含む）は、甲または第三者が従前から保有していた著作物の著作権を除き、乙に帰属するものとする。
>
> 2．甲は、納入物のうちプログラムの複製物を（中略）自己利用に必要な範囲で、複製、翻案することができるものとする。また、本件ソフトウェアに特定ソフトウェアが含まれている場合は、本契約および個別契約に従い第三者に対し利用を許諾することができる。乙は、係る利用につい

て著作者人格権を行使しないものとする。

（乙による納入物の再利用）
第46条　乙は、（中略）乙が著作権を有する本件ソフトウェアその他の納入物を利用することができる。

2．前項による利用には、有償無償を問わず乙が本件ソフトウェアの利用を第三者に許諾し、またはパッケージ化して複製物を販売する場合を含むものとする。

※文中の甲は委託者、乙は受託者

こうしたモデル契約書は、これ以外にも、経済産業省のWebサイトや一般社団法人 電子情報技術産業協会（JEITA）でも入手できます。ぜひ参考にしてください。

5-3
業務で作成した
ソフトウェアの著作権は
だれにあるのか?

自分が作ったソフトを持ち出したら犯罪者!?

終身雇用制度が崩れつつあると言われる昨今、

「いずれは、転職してステップアップしよう」

と考える方も少なくないかもしれません。そんなとき、前の会社で自分が一生懸命に作った資料やプログラムなどを持ち出して、次の会社で利用するようなことは許されるのでしょうか。

もちろん、昨今は、入社時に、「会社の仕事で作ったものの諸権利は会社側が保有する」ということを雇用契約などに盛り込み、「退職時にも、これを持ち出してはいけない」という約束事をしていることが多いでしょう。しかし、それはあくまで社内の話です。

そもそも、著作権と、それに基づくさまざまな権利というのは、

「それを作った本人に帰属するはず」

のものです。

　これまで、お話ししてきたように、「自分の作った設計書やプログラムに個性や独創性が認められれば、それは自分自身のものであって、よそに行って使っても、本来は問題がないのではないか」と考えるかもしれませんね。

　あるいは、「モノを作るうえでのアイデアや工夫は、あらかた自分の頭の中に知識として入っていて、それを使うぶんには問題ないのだから、その内容を電子ファイルに書き出した設計書やプログラムを持ち出したところで、大きな差はないはずだ」と、軽い気持ちでファイルをUSBメモリにコピーして持っていってしまう退職者もいるかもしれません。

　「自分の作ったモノを自分で使ってなにが悪い」

という気持ちは、わからないでもありません。しかし、いろいろと判例を調べてみると、やはり、ソフトウェアの持ち出しなど、やめておいたほうがよさそうです。退職した社員のプログラム持ち出しに関する、ある判例（東京高等裁判所昭和60年12月4日判決）を見てみましょう。

　ある大手鉄工所で、CAD（Computer Aided Design）システムを開発した複数の社員が、退職して自分たちのソフトウェアハウスを設立することにしました。その際、鉄工所で自分たちが開発したソースコード、モジュール、その他資料を、無断で持ち出してしまいました。

　これを知った鉄工所は、退職した元社員たちを刑事告訴したのです。民事上の損害賠償よりもはるかに大きなペナ

ルティを、鉄工所は裁判所に求めたのです。

そして裁判所は、鉄工所の言い分を認め、元社員たちに"業務上横領罪"を適用しました。

ソフトウェアは形がなく、持ち出しても発覚しにくく、「自分こそが制作者である」という自負もありますから、退職時に、こうした誘惑にかられる方もいるかもしれません。しかし、なんせ結果は"犯罪者"です。やはり、こうしたことは厳に慎むべきでしょう。

仕事で作ったモノは、会社のモノ

判決の内容が印象的だったので、この判例を、"業務上横領"という刑事的な側面で、紹介してしまいましたが、民事の問題、つまり著作権の問題として考えるとどうでしょうか。

じつは、仕事で作ったさまざまな作業成果物の権利については、著作権法の第15条に"職務著作"として書かれています。ちょっと、条文を見てみましょう。

> （著作権法　第15条）
> 1. 法人その他使用者の発意に基づきその法人などの業務に従事する者が職務上作成する著作物（プログラムの著作物を除く）で、その法人などが自己の著作の名義の下に公表するものの著作者は、その作成のときにおける契約、勤務規則その他に別段の定めがない限り、その法人などとする。
>
> 2. 法人などの発意に基づきその法人などの業務に従事する者が職務上作成するプログラムの著作物の著作者は、そ

の作成のときにおける契約、勤務規則その他に別段の定めがない限り、その法人などとする。

これが、職務著作について書かれた条文です。ご覧のとおり、ハッキリと

「仕事で作ったものの著作権は、（別段の定めがない限り）会社のもの」

と言っています。

自分の頭を悩ませて、苦労して作ったモノの権利がなにも認められないことに、納得しかねるかもしれません。しかし、会社員みんなが、仕事で作ったモノの権利を主張したら、企業は成り立たなくなってしまいます。ある意味、現実的とも言えるでしょう。

もちろん、会社に入るとき、「作ったモノの著作権は自分に帰属する」という契約を結べるなら別ですが、そうした契約ができることは、おそらくレアケースでしょう。会社に入って仕事をする以上、やはり、そのあたりは割り切っておく必要があるようです。

ちなみに、何年か前、業務で開発した青色発光ダイオードの権利を、作った社員に認めた判例がありましたが、これは特許に関するもので、著作権とは別の話です。

名前が書いていないモノは、
だれの著作物でもない？

　この裁判の中でも、著作権を巡る議論がありました。当然、裁判所は、この著作権法を論拠として、ソースコード、モジュール、その他資料の権利は会社側にあると結論を出しましたが、その中で、ちょっと知っておいたほうがよさそうなことがありました。

　元社員側は、著作権法第15条の1に書いてある「その法人などが自己の著作の名義の下に公表するものの著作者は（中略）その法人などとする」という部分に着目し、次のような主張をしました。

　「自分たちが持ち出した資料には、『これを作ったのが鉄工所である』ということは書いていない。だから、鉄工所に著作権はない」

　確かに、自分たちが社内で使うソフトウェアですから、資料にも、わざわざ、作成者が鉄工所であることを記さなかったのかもしれません。著作物でないなら、持ち出したって構わないだろうと元社員側は主張しました。
　しかし、裁判所は、この主張を退けました。判決文は長いので、かんたんにまとめると、

　「確かに、このプログラムや設計書は世間に公表されていない。でも、もし公表することになるなら、鉄工所の名義で公表されるだろうと推測するものが含まれている。そういうものは、事実上、鉄工所の著作物と考えられる」

という主旨でした。かんたんに言えば、

「もし、世に出すなら、そりゃ、自社の名前で出すでしょう」

ということです。
　こうした例を見ても、裁判所が、単に紙モノだけを見て判断せず、現実はどうなのかということに着目していることがわかります。このあたりは、さすがに、元社員側が苦しまぎれに重箱のスミをつついたような感じもしますが、やはり裁判所には通用しなかったようです。やはり、原則として、

「仕事で作ったものは、会社のもの」

と考えておくべきなのでしょう。
　自分が一生懸命に頭をひねって作ったもの、自分だからできたものの著作権が、ほぼ無条件に法人のものと言われると、釈然としないかもしれませんが、そもそも、

「社員の給料には、最初からそうした権利放棄の代償も含まれている」

と考えたほうがよいのかもしれませんね。
　この判決は、東京地裁の判決を高裁が支持したものなので、法律自体が変わらない限り、どこへ行っても同じような判断が下されるでしょう。

あきらめの悪い人は、就業時間外の、たとえば休日に家で作業をして作ったものはどうなのかと考えるかもしれません。

正直、こうしたことについての判例を私は知らないのですが、私見として申し上げるなら、「休日であっても、仕事をしていれば就業時間（休日出勤）」と考えるほうが自然に思えます。その中で作ったものなら、その権利は会社にあると考えておいたほうが安全でしょう。

作ったソフトの報酬は給与です

プログラムや設計書など、いわゆるソフトウェアというのは、規模の大小はあっても、どれもそれなりの価値を持っています。形も重さもなく、比較的かんたんに持ち出せてしまうので、あまり実感はないかもしれませんが、やはり、お金と同じ財産です。「自分が工夫して作ったものだから」と、これを持ち出してしまうということは、営業職の人が、「自分の才覚で儲けたから」と、会社のお金を持って出て行くのと同じと考えることができます。だからこそ、この裁判でも、ソフトウェアの持ち出しは、業務上横領という犯罪であると結論が出たのでしょう。

私も、元はシステムエンジニアをやっていたので、プログラムや設計書を作る苦労は知っているつもりです。それを「自分のモノ」と考えたい気持ちもわかります。同じような業態の会社に転職するとき、これらを持って行って流用すれば、大変に重宝するだろうという思いも理解はできます。しかし、

「そうしたものへの対価は、すでに給与としてもらっているのだ」

ということを忘れてはいけません。

「会社を辞めるとき、手ブラで出なければ、犯罪者」

そんな意識を持っておくことが大切かと思います。

5-4 頭の中も著作権の対象になる?

記憶に残るプログラムも、転職先では使えないのか

　前節では、「転職する際、前の会社で作ったものを持ち出して使うようなことをすると、業務上横領罪にも問われかねない」というお話をしました。なかなか厳しい判断と感じたかもしれません。

　もちろん、会社を辞めるときには、なにも持ち出さず、手ブラで出て行くことが大切ですが、仮にそうしても、本人の意思とは関わりなく持って出て行かざるをえないものがあります。それは、"頭の中の記憶"です。

　前の職場で作ったプログラムや設計、ノウハウに関する記憶は消し去ることはできませんし、そもそも、そうしたものは、自分の中に蓄積した大切なスキルでもあるわけです。新しい職場でも、むしろ積極的に活用していきたいところかもしれません。現実的にも、これをいっさい封印して外に出さずに、新しい職場で仕事をするなど、そちらのほうが不自然というものです。

　しかし一方で、前の職場で作った設計書の内容をしっかりと頭に入れ、新しい職場でそっくりなものを作ったら、どうでしょうか。

　前の職場から文句の1つも言われるでしょうし、最悪の

場合は、著作権侵害だと訴えられる可能性だってあります。そうしたことを扱った裁判の例（東京地方裁判所平成27年6月25日判決）を見てみましょう。

　あるソフトウェア開発業者（被告）が字幕の制作や編集を行うソフトウェアを開発して売っていたところ、あるとき、別の業者（原告）が

　「これは自分たちの作ったソフトウェアを複製または翻案したものだ」

と、販売の差し止めなどを求めて裁判所に提訴しました。「著作権を侵害された」と言うのです。

　この原告の作ったソフトウェアは、「業界の標準」と言われるほど広く知られていたもので、字幕の制作や編集といった機能や画面のつくりも、独創性があるとまでは言えないものなので、一見すると著作物には当たらない気もします。

　しかし、原告は、次のように主張しました。

　「このソフトの中身のつくりが、自社の開発したものとそっくりだ。たとえばプログラムを動作させるための設定ファイルなどは、まったく同じものである」

　設定ファイルが同じということは、それを読み込んで動くプログラムも、元のソフトと同じ設計思想でできているということでしょう。

　そして、最大の問題は、

「この被告側には、原告の会社の元従業員がおり、２つのソフトウェア開発に携わっていた」

ということです。原告からすれば、技術を盗まれたと言いたいところだったのでしょう。次のようにも主張しました。

「被告側の会社が、自分たちよりはるかに短い、３３ヶ月という期間でソフトウェアを完成させたのは、原告の技術を元従業員が盗んだからだ」

判断のポイントは、「似ていても仕方ないよ」と許されるかどうか

有り体に言ってしまえば、おそらく、このソフトウェアは、元従業員の頭の中にあった技術情報を利用して作られたものだったのでしょう。動作環境の定義に「Template.mdb」という、まったく同じ形式のファイルを使っていて、裁判所も、これについては

「原告のプログラムを翻案したものであることを一定程度推認させる」

と、被告が真似をしたことを認めています。

しかし、裁判所は結果的に、被告の会社、あるいは元従業員の著作権侵害は認めませんでした。なぜでしょうか。

やはり、人間の頭に入れて持ち出したものまでは問わないのでしょうか。

そんなことはないでしょう。たとえば、私が村上春樹さ

んの本を読み込んで、頭に入れ、それとそっくり似た筋書きの小説を出版したら、必ず訴えられます。そのとき、私が、村上さんの本をスキャンして取り込んだか、頭で覚えたのかは関係ないはずです。

判決文を読んで、私が考えるポイントは2つあります。

1. 双方のプログラムが、どれほど似ているか

裁判所は、2つのソフトウェアを比較して、設定ファイル以外にも、画面や機能などが似通っていることは認めつつも、それ自体は、独自性のあるものではないとしました。

そして、原告のプログラムがC++のみで組まれているのに対し、被告のプログラムはC++とC#を組み合わせて作っていたという違いがあり、被告のデータのインポート・エクスポートの処理速度が原告のプログラムに比較して、平均3.96倍の速度を出せることは、被告側が独自で工夫したものだとしています。

「すべてが同じではないし、似ているところも独自性はないので、著作権の侵害はない」

という論です。

2. 似ている部分が、"仕方ない"で済む範囲かどうか

ちょっと、変な言い方ですが、客観的に見て、「それくらいは仕方ないよね」と思える程度の真似であるかということが、判断材料になるようです。

元従業員は、会社は変わっても、同じような機能を作るわけです。前の会社で培った技術や知識の使用を避けて作

ること自体、不自然であり、ある程度似通ってしまうのは仕方のないことでしょう。

これが、たとえば、

「自分が担当していない部分についての情報をわざわざ頭に叩き込んで出て行った」
「その会社にしかない独特の技術を持って出ていった」

とかであるなら、また違った判断もあったかもしれません。

しかし、ほかにもありふれた、あるいは、思いつきそうな技術が、自然に頭の中に入った程度のものであれば、新しい会社で作るものに活かしても、問題にはならないという考えのようです。

もちろん、どこまでが"仕方のない範囲"なのかは、人によってさまざまなので、転職してモノ作りをする際には、周囲にも、そうしたことの相談をしながら進めたほうがよさそうです。場合によっては、法務部門に相談するのもよいかもしれません。

権利問題は複雑、だからこそ社内で話してみよう

ここまで、ソフトウェアの著作権についてお話ししてきました。ソフトウェアに著作権が認められるには、

「著作権法で言う、"思想"や"感情"まではなくとも、個性や独創性が必要である」
「会社を辞める際には、手ブラで出ていかなければならない」

「頭の中に入っている技術については、ある程度は許される余地がある」

そんなことを、おわかりいただけたでしょうか。

こうした著作権をはじめとする知的財産権（特許権などもこれに含む）については、近年、どの企業も非常にナーバスになっており、裁判になるようなトラブルも増えているようです。

特に、ソフトウェアは、その形が見えにくく、しかも自然に作ると、ある程度似てしまうことも多いので、どこまでが許される範囲なのか不明確で、その解釈が人によって大きく異なることもあります。

また、近年は海外の企業と一緒に仕事をすることも増えており、なにも気にせずに仕事をしていると、「ある日、突然、高額な損害賠償を求められる」などというリスクも高まっています。

1度、社内でこのあたりについて話し合い、他人の著作権を侵さないため、また自分たちの著作権を侵されないために、どんな注意が必要か、社員の意識統一を図っておくとよいかと思います。

Part 6
情報漏えいと セキュリティの要所を 押さえる

インターネット全盛のこの時代、情報システムは、常に情報漏えいの危険と隣合わせです。実際、ニュースを見ていても、大規模な情報漏えい事件は、あとをたちません。

もし、そんなことが起こってしまったとき、セキュリティ上の不備があるシステムを作ったユーザーとベンダーには、どのような責任があるのでしょうか。

そして、その万が一の事態に備えるには、どんなことをしておけばよいのでしょうか。

6-1
セキュリティ要件のない システムから情報漏えい。 その責任は?

「システムの不備だ!」とベンダーを訴えるユーザー

　昨今、個人情報漏えいに関する事件の数は、増加の一途をたどっています。個人情報を預かる組織が漏えいを起こしてしまうと、1人当たり500円から数千円の賠償が命じられることが多く、数年前に話題になった通信教育会社のように、漏えいしたと思われる個人情報の数が数百万人分となると、それだけで会社存続の危機になってしまいます。賠償だけではなく、「そんな会社は信用できない」と去ってしまう顧客の数を考えても、その損害は甚大でしょう。

　しかし、情報漏えいを起こした企業は、多くの場合、その責任を自社だけで負おうとはしません。

　「漏えいは情報を格納していたシステムのセキュリティ不備にも原因がある」

として、システムを開発したベンダーの責任を問い、損害の賠償を求めて裁判に訴えるケースもかなりあります。

ベンダーからすれば、本稼働も始まってやれやれと思っているころ、突然、裁判所から訴状が届けられ、何千万円、何億円という損害賠償を請求されるわけですから、大変なショックでしょう。
　こうした場合、ベンダーは、どうなるでしょうか？
　もし、ユーザー側から事前にセキュリティに関するニーズや要件を言い渡されていたのなら、黙って損害賠償請求に応じるしかないでしょう。ユーザーから、

　「悪い人がサーバーを乗っ取らないようにしておいてほしい」

と要望されていたにもかかわらず、ウイルス対策を怠っていたり、

　「データベースは必ず暗号化すること。方式は○○で、キー長さは××バイト」

と要件定義されていたのに、それより強度の弱い暗号化を行っていたとなれば、残念ながら、黙ってお金を払わざるをえません。ある意味、腹をくくるしかないのです。
　しかし、裁判所に上がってくるような事件の場合、事はそんなに単純ではありません。多くの場合、ユーザーからセキュリティに関するニーズや要件が提示されていないのです。こうなると、ベンダーのほうにも"希望"（と言ってよいでしょうか）が出てくるようにも思えます。

　「要求されていないものは作れない」

と反論し、損害賠償には応じない。そんな対応方針を立てるベンダーもいるかもしれませんし、事実、裁判でベンダー側は、そのように主張します。

もちろんユーザー側は、そんな言い分を唯々諾々と受けたりはせず、反論します。

「ITの素人である自分たちには、セキュリティに関する知識がなく、要件など示せるはずはない」
「そこはベンダーが専門家として教えてくれるべきだ」

さて、こうした場合、セキュリティ不備の責任はユーザーとベンダーのどちらにあるのでしょうか？

要望どおりに作ったはずなのに、損害賠償1億円

この問題は、2-1節（53ページ）のように、「ベンダーの専門家責任」にあたります。セキュリティ要件として決めるべきこと（暗号化、ウィルス対策、安全なホームページを作るための工夫など）は、ITのプロであるベンダーが示してあげなければ、素人であるユーザーは決められません。それどころか、そもそも"セキュリティ要件"などというものが、システム開発に必要であることすら、わからないかもしれません。やはりここは、

「ベンダーがユーザーをリードする姿勢」

が必要になってくるのです。

たとえば、平成26年に東京地裁で、情報漏えいに関するある判決（平成26年1月23日判決）が出ました。
　あるユーザー企業が、インターネットを介して自社への受注を受け付けるシステムの開発をベンダー企業に開発してもらったのですが、本稼働後、システムにSQLインジェクション（Web画面から内部のデータベースを操作する有名な攻撃手法）と思われる攻撃が行われたことが確認されました。調べてみると顧客のクレジットカード情報が6795件も漏えいした可能性があるとのことです。
　この事態に、ユーザー企業はベンダーの責任を追及しました。

　「漏えいの原因は、ベンダーがきちんとSQLインジェクション対策を施したページを作らなかったこと、クレジットカード情報を格納したデータベースを暗号化しなかったことにあるのではないか」

という主張です。ベンダー企業に対する損害賠償の請求額は、約1億1000万円でした。
　しかし、ベンダーは次のように反論します。

　「そもそも、システムの要件はユーザー側が提示するもので、今回のシステムのセキュリティが甘かったのは、ユーザー企業がセキュリティに関する要件を明示しなかったからだ」

　特に、データベースの暗号化については、

「本稼働後にベンダー側から改善策を提示したにもかかわらず、ユーザーはこれを放置した」

とも言っています。

しかし、この裁判はユーザーの勝ちでした。裁判所はベンダーに対して、

「システム開発を行う際、ベンダーには、その当時の技術水準に沿ったセキュリティ対策を施したプログラムを提供する必要がある」

として損害賠償を命じたのです。

「ベンダーは、なにも言われなくても、今時これくらいは必要だろうと思われる対策は打たなければならない」

そうした考えをよく表す判決でした。

提言だけではダメ、セキュリティ対策がないシステムは未完成

ここで、ベンダーが気をつけたいのは、次のことです。

「同じ専門家責任でも、セキュリティに関しては、普通の要件よりもさらに厳しい判断になる可能性がある」

この判決の中で裁判所は、ベンダーがあと付けとはいえ、顧客情報の入ったデータベースの暗号化を提案したことを、

まったく評価していません。これが通常の要件定義に関する訴訟であれば、ベンダーがユーザーに、

　「こんなことは決めなくていいですか？」
　「こういう要件を定義しておくべきです」

とガイドをして、それでもユーザーが要件を定義しないのなら、ベンダーは、

　「一応、専門家としての責任を果たした」

と評価されそうです。

　しかし、このケースでは、ベンダーが、本稼働後とはいえ、「データベースを暗号化したほうがいいですよ」とガイドしていたにもかかわらず、裁判所はそれをベンダーに有利な材料として取り上げていません。なぜでしょうか。

　理由はいろいろと考えられます。もしかしたら「本稼働後の提案では遅すぎる」との判断かもしれません。あるいは、この判決を出した裁判官独特の判断が、なにかあったのかもしれません。

　しかし、私はここであえて、ベンダー企業に覚悟を喚起する意味で、そしてユーザー企業の皆さんにも自社でセキュリティ事故を起こさないよう、ベンダーに依頼すべきことを知ってもらうために、想定する中で1番厳しい、以下の考え方を採りたいと思います。

　「もし、ユーザーが暗号化に応じてくれないなら、システムを止めるべきであるとユーザーに提言し、それでもな

にも手を打たないなら、このシステムを暗号化せずに動かしているのはユーザーの責任であることを文書として残したうえで、契約を破棄すべき」

「契約破棄」とはずいぶんと過激な言い方かもしれませんが、実際に情報を漏らされてしまう多くの人の迷惑を考えるなら、それくらいの覚悟は必要です。

私が、このように厳しく考えるのには、それなりの理由があります。

そもそもシステムの請負契約の目的は、発注者であるユーザーがシステムを使用し、なんらかの利益（業務の効率化や売り上げの拡大など）を受けることです。もちろん、ベンダーは、その結果を約束するものではありませんが、それに向けた成果物を作るのがベンダーの債務になります。

もしも、ユーザーと明示的に取り決めて文書化した要件だけではユーザーが利益を受けられないなら、「その要件は不十分だ」ということになります。

このケースの場合、ユーザーが最初に作ったものは、確かに明示的な要件は満たしていましたが、セキュリティに不備があって使えないものでした。つまり、本稼働時点では、「まだ、ベンダーは債務を果たしたとは言えない」のです。

ならば、ベンダーとしては、自らの債務を果たすために、システムをセキュリティ面でも心配のないものにする責任があります。ユーザーがそれを無視するなら、「自分たちはいっさい、責任を負わない」と宣言して立ち去る。そんな勇気と覚悟が必要だと言うことです。

増え続ける攻撃に、
いったいどこまで対策すればいいの？

　この判決には、もう1つ大切な要素が含まれています。ベンダーには、セキュアなシステムを納める責任が暗黙的にあるのはよいとしても、

「いったいどこまでやっておけばよいのか」

という点です。
　システムに対する攻撃の手口は日進月歩です。いくら大手のベンダーでも、「悪意者が昨日、今日、開発して実行した手口についても情報を把握し、対策を打っておく」というのは、非現実的です。ベンダーはいったい、どこまでやればよいのでしょうか。
　ヒントは判決文にあります。この判決の中に、

「その当時の技術水準に沿ったセキュリティ対策」

と言っています。
　この「当時の技術水準」という言葉は、少しあいまいに思えますが、ITに関するほかの判決をいろいろと見ると、「その時点で、公知の事柄」つまり、

「ITの専門家であれば、インターネットや雑誌などを通じて当然に知りえるような事柄」

ということです。

この判決の当時、すでにSQLインジェクションや暗号化に関する問題はインターネットや新聞・雑誌などで数多く取り上げられていました。IT技術者は、そうした情報を知っていなければいけなかったし、それに必要な対策は、ユーザーに言われなくても施しておくべきだったと、この判決は言っています。

　ITベンダーには、

「そうした情報を常に入手し、学び、そして自分が担当するシステム開発に適用すべきかどうかを検討する」
「必要なら、費用請求してでも、ユーザー側に、それを強く推奨する」

という姿勢が求められるわけです。

「備えあれば憂いなし」セキュリティ対策の5か条

　それでは、こうした判決をふまえ、プロジェクト開発にあたってベンダー企業が行うべき事柄とは、どのようなものか考えてみましょう。
　以下は、私がさまざまな判例や情報セキュリティの専門家、あるいはベンダー企業、ユーザー企業の担当者の方から聞いたお話を元に考えるベンダーの備えです。できれば、ユーザー企業の担当者も一緒に、以下のようなことを行っておくべきでしょう。

①セキュリティに関する情報を専門のサイト（JP-CERT、警察庁など[*2]）から常に収集する
②収集した情報から、現在、開発や保守を行っているシステムに関係すると思われるものを抽出する
③抽出された問題について、その影響度、対策、担当者、コストなどを検討する
④対策の要否と優先順位を決め、実施時期も決定する
⑤対策を実施するために必要なスキル、知識を洗い出し、メンバーを教育する

　こうしたことを、プロジェクトの実施中に、継続して行っていれば、情報漏えいの危険はかなり減じられるはずです。万が一、問題が発生してもベンダーの責任は、かなり限定的になるでしょう。
　世の中には、コスト面なのかスケジュールの都合なのか、事情はわかりませんが、すでに常識となっていたセキュリティ対策を自発的に実施しないベンダーも数多く存在します。少しきつい言い方かもしれませんが、こうしたベンダーは、日々セキュリティ侵害が絶えることのない今の時代、生き残っていくことは困難です。ITシステム導入のプレイヤーたる資格がないとも言えます。
　ITベンダーは、自身を守るためにも、セキュリティについては常に高いアンテナを張り、必要であれば、ユーザー企業に、

　「セキュリティの提案を受けてくれないなら開発自体できない」

と言える覚悟が必要です。そんなことをお客様に言うのは、なかなか勇気のいることですが、

　「そうしたことをしっかりと言ってくれるベンダーこそ信頼できる」

と言うユーザーが、いくつもあることも事実です。

*2・JP-CERTでは、世界中で発生しているセキュリティ事故やその対策についての情報を日々更新している

6-2
「お金も時間もありません」とセキュリティ対策を拒むユーザーに、どう渡り合うか？

ユーザーの甘えが、情報漏えいを引き起こす

　前節では、たとえユーザーが明確にセキュリティ要件を提示しなくても、ITの専門家であるベンダーは、開発するシステムについて、セキュリティ上の危険を予測して対応を提案しなければならない、というお話をしました。システム開発ベンダーは、「ユーザーの提示する要件を実現することが仕事だ」と思いがちですが、

　「安全で、だれかに損害を及ぼすことのないシステムを作ること」

は開発の大前提です。これについては、特に要件として提示されていなくても、実現に向けて努力する義務があるということです。

　昨今、情報システムのセキュリティの必要性を理解しないユーザーは、さすがに少数派かと思いますが、それでも、このために余計な費用がかかったり、業務の生産性を落としたりする可能性のあるセキュリティ対策に、難色を示す

ユーザーは少なくありません。

「システムの運用に正社員を張り付けるなんてもったいない。派遣さんにやってもらおう。顔も名前も知らない人だけど、まあ大丈夫だろう」
「外部と内部のネットワークを完全分離なんてできないよ。そんなことしたらメールで送られてきた添付ファイルを取り込めないじゃない」
「パソコンのハードディスク暗号化？ あれ評判悪いんだよね。動作が重くなっちゃって。そもそもタダじゃないし」

情報漏えい事件の多くは、このようなユーザーの脇の甘い考えが元で起きています。プロとして、客観的にモノが言えるベンダーには、こうしたユーザーの甘えを断ち切る意見具申が望まれます。"お客様"であるユーザーに対して、なかなか難しい面もあるかもしれませんが、ユーザー企業のため、ベンダー自身のため、そして企業にさまざまな情報を預ける外部の多くの人たちのため、頑張っていただきたいところです。

セキュリティ対策をしないのは、不法行為です

もし、ユーザー企業が必要なセキュリティを、手間やお金を理由にためらうようなら、過去の裁判でユーザー企業が損害賠償を命じられた事例なども、話してみるとよいかもしれません。裁判所が、十分なセキュリティ対策を施さないユーザーの非を責めた事例は、たくさんあります。

あるインターネット検索サイトの会社が、顧客の個人情報約450万人分を、メンテナンス用のサーバーから漏えいさせてしまった事件がありました。サーバーの管理を委託した会社から派遣された者が、不正アクセスして情報を流出させたようです。情報を流出された顧客の一部が、損害賠償を請求して裁判を起こしました（大阪地方裁判所平成18年5月19日判決）。
　この裁判の中で、ユーザー企業（検索サイト運営会社）は、次のような損害賠償を渋る発言をしました。

　「自分たちは泥棒に入られた被害者のようなものだ」
　「そもそも、セキュリティ対策を行いすぎることは、経営上合理的ではない」

　しかし、裁判所は、こうした意見をいっさい聞き入れず、

　「十分なセキュリティ対策を施さなかったことは、民法上の不法行為にあたる」

として、請求どおりの損害賠償を命じたのです。「自身は被害者だ」という意見も、経営上のことも、少なくとも民事裁判上は通じないのです。
　ベンダー側には、このあたりのことをぜひ、ユーザー企業に進言していただきたいところです。セキュリティに費やすお金や手間が惜しいと思うなら、そういう企業には、

　「そんなシステムを作るビジネスモデルが成り立たない」

ということになります。

　きつい言い方ですが、やはり、これだけ、情報漏えい事件が続くと、それくらいのことを専門家であるベンダーから言ってあげないといけない時代なのではないかと思います。

嫌われても言い続ける「プロ意識」を持つ

　実際の開発現場では、ユーザーにセキュリティに関して進言しづらい場合もあります。

　たとえば、見積もりを出すときには見落していたセキュリティ対策の必要性にあとから気づいて、「費用と時間を追加してください」と申し出るのは、さすがに気が引けます。間が悪ければ、「なにを今さら」と怒鳴られることだってあるかもしれません。それ以上に、それまで進んできたプロジェクトのスケジュールを大きく乱しかねない作業の追加に、進言をためらうベンダーがいることも事実です。

　しかし、危険に気づいていながらなにもしないのは、やはりプロとして大問題です。

　「怒鳴られても無視されても、セキュリティについては譲らず、しつこく言い続ける」

　これが、プロに求められる姿であり、たとえ結果的に受け入れられなくても、進言すること自体が、ベンダーとして一定の責任を果たしたことになります。

　ユーザー企業にしても、何度も言われ続ければ、さすがに気になって、セキュリティ対策の費用と時間を上積みす

るように検討せざるをえなくなるでしょう。当初はおもしろくない顔をしているユーザーも、長い目で見れば、こうしたことを言ってくれるベンダーを、プロとして評価してくれることにつながると思います。

　私も、エンジニア時代に、データベースの暗号化案をユーザーにはねつけられたことがあります。最終的には、私の案を受け入れてくれたのですが、その後、世に頻発する情報漏えい事件を見て、数ヶ月後には、

「やっぱり、やっておいてよかったね」

と言ってくれるようになりました。
　私は、お腹の中で苦笑いをしながらも、

「良薬は口に苦し、やはり言うべきことは言っておくものだ」

と再認識したものです。

6-3
対策していてもリスクは0じゃない。万が一の賠償は、いくらになるの?

相場は、1件あたり500円〜数千円の"罰金"

　万が一、個人情報漏えいが発生した場合、それを預かっていた企業（多くの場合は、ITシステムのユーザー企業）*3は、情報を漏らされてしまった人たちに、どの程度の補償を行うものなのでしょうか。

　こうしたお金はユーザー企業が支払うものではありますが、これまで述べた判例のように、そのうちの何割か、場合によってはすべてが、ユーザーからベンダーに対する損害賠償請求となって跳ね返ってくることもあるので、ベンダーサイドも知っておいたほうがよいかもしれません。

　これまでの判決の例を見ると、こうした場合の損害賠償額は、500円くらいから数千円といったケースが多いようです。

　数年前に大きな話題となった通信教育会社の情報漏えい事件では、企業側がだれに命じられるわけでもなく、すべての会員に、一律500円の見舞金を払いました。それは、

---

*3・個人情報とは、個人を特定できる情報だけではなく、「個人が漏らしてほしくない情報全般」を指します。

こうした判決の例をふまえて決めたのかもしれません。

「クレジットカードの情報が漏れれば、いくら損するかわからないのに、たったそれだけ？」
「アタシのアドレスと携帯番号が500円なんてありえない」

そんな声も聞こえてきそうですが、情報の価値を正確に計ることは、現実的に不可能でしょう。そもそもこうした損害は、本来、実際に情報を盗んだ犯人に請求すべきものです。

裁判所は、「補償」というより、情報を漏えいさせた企業への「ペナルティ」として、実際に払うことができる、かつ、情報漏えいを起こした企業が十分に反省するような金額を設定しているのかもしれません。

個人情報の価値は、種類によって差があることも

もちろん、こうした"相場"が、どんな時にも通用するのかと言われれば、そんなことはありません。ある大手エステティックサロンの情報漏えいに関する裁判（東京地方裁判所平成19年2月8日判決）などが、その例です。

このエステティックサロンでは、入会を検討する人が資料請求をする際、個人の身体に関わるさまざまな情報（身長、体重、スリーサイズなど）を、氏名と共にWEBから入力することになっていました。しかし、あろうことか約5万人分の情報が、外部から閲覧可能なサーバーに置かれ、ネット上に流出してしまったのです。

私は男なので、そうした時の女性の気持ちはわかりませんが、やはり「絶対に許せない」と考えた方も多かったのでしょう。

　このうち14人が、約115万円の支払いを求めてエステティックサロンを訴えました。

　裁判の結果は、

「1人あたり3万5000円の支払いを命じる」

というものでした。原告の請求には遠く及ばないものでしたが、それでも、「500円から数千円が相場」と言われる情報漏えい事件の賠償額としては、かなり高いものだったと言えます。

　なぜ、通常より高い金額の賠償が命じられたのでしょうか。

　その理由について裁判所は、次のように説明しました。

「"身体的もしくは美的感性に基づく価値評価を下すべき身体状況に係るものである個人情報"つまり、女性の容姿に関するような、だれにも知られたくない情報は、通常よりいっそう、慎重に扱うべきものであり、こうした情報の漏えいは、通常よりも重い責任がある」

　同じ個人情報でも、その内容によって、賠償額に差が出てくるということです。

　ここまでのお話で、情報漏えいを起こしたユーザー企業と、そのシステムを構築したベンダーには、相応のペナルティが課される可能性が高く、その金額には、大体の相場

はあるが、内容によって変わってくる。そんなことが、おわかりいただけたでしょうか。

あなたのシステムの情報は、いくらですか？

　それでは、こうした情報漏えいについて、ユーザーとベンダーは、どんなことをしておくべきなのでしょうか。

　もちろん、「絶対に漏えいしないシステムや組織、業務プロセス」を作っておけば完璧で、そうしたことは目指すべきです。しかし、現実問題として、システムから情報を盗み出す技術は、日進月歩で高度化しており、いくら高い意識の下、精一杯に情報を守ろうとしても、漏えいする可能性をゼロにはできません。

　そして、いざ情報漏えいが起きてしまうと、預かっていた情報の量と質にもよりますが、何百万、何千万、時には億単位の賠償金が必要になるわけです。どうしたって、万が一漏れた場合の備えは、必要になってきます。

　ここで、私からユーザー側、そしてベンダー側の双方に1つ提案があります。こうしたことを行なっている例は、まだ、あまり多くないかもしれませんが、システムを開発したり、運用したりする場合には、その中に収めるデータが漏えいした場合、どれほどの損害になるのかを算定しておくこと、つまり

　「情報に値札をつけておくこと」

をオススメします。

「このシステムが攻撃され、情報が漏えいしたら、いったい、いくらの損害になるのか」

それをあらかじめ計算しておくことです。

個人情報を預かるようなシステムであれば、1件あたり数千円として、その情報の数をかけたものになるでしょう。社内外の営業機密や技術情報を扱うのであれば、その情報が漏えいすることによって、ユーザー企業やユーザーの顧客がいくら損をするのか、把握しておきます。

そうやって値札をつけたら、次は、

「その金額を決裁できる権限を持つ人（経営層など）に伝えておく」

ということです。

もちろん、いくら計算して伝えても、そうしたお金をあらかじめ予備費として準備できるプロジェクトは、少ないかもしれません。しかし、最初から危険があると知っていれば、いざというとき、お金を用意したり、謝罪をしたりする経営層の動きは、確実に早くなるはずです。

また、あらかじめ、想定被害額を伝えることで、

「そんなに危険なら、業務が不便になっても、貴重なデータを外部ネットワークから切り離そう」

と提案して、周囲に交渉してくれる経営層の人も出てくるかもしれません。もしかしたら、

「システム開発自体をやめよう」

と言い出す人もいるかもしれません。情報漏えいが、場合によって、会社の経営自体を危うくする危険すらあることを考えれば、それはそれで1つの英断です。

　いずれにせよ、しかるべき人間に危険を事前に伝えておくことは大切です。ユーザーであれ、ベンダーであれ、こうした重大事を担当者だけで抱え込むと、問題が発生したとき、それこそ、担当者自身が会社を辞めなければならなくなる危険すらあります。

　中には、きちんと話を聞いてくれない経営者もいるかもしれませんが、たとえそうであっても、この手のことは言ってしまった者勝ちです。事前に報告を上げた担当者を、過度に責めることはできないでしょう。

　「大切な情報を預かるシステムを作る」となったら、万が一のことを想定して、想定被害額をオープンにしましょう。ちょっと面倒な作業ですが、この手の事件を数々見てきた私が、ぜひ推奨したい事柄です。

おわりに

　最近は、改善されているというデータもありますが、システム開発プロジェクトの成功率は、まだまだ高いとは言えません。私は長年、ITシステム開発に関するトラブルや紛争を研究している身ですが、

　「1度決めたはずの要件が途中で変わってしまったり、そもそもベンダーとユーザーで要件の理解が違ったり、ということが原因で、両者がいがみ合う」
　「ベンダーがプロジェクトの進捗が遅れるなどのリスクを抱えながら、ユーザーに開示せず、あとでどうにもならなくなってから申し出て、プロジェクトが大混乱に陥る」
　「プログラムができあがったはいいが、バグが多過ぎて使いモノにならないと突き返される」

　など、トラブルの中身は、昔からあまり、変わっていないようです。
　開発の技術や方法論については、世界中で多くの人々が研究を重ね、さまざまな知見が今も公開され続けています。プログラムのテストやプロジェクト管理ツールもたくさん開発され、世に出ています。なのに、なぜ、今でも昔と変わらない原因の紛争やトラブルが絶えることがないのでし

ょうか。

　私は、その原因の1つに、「ベンダーとユーザーの気持ち、つまり、責任感や危機感の欠如があるのではないか」と考えています。

　たとえば、第2章でお話ししたベンダーのプロジェクト管理義務は、「ベンダーが、自分たちの仕事を、本当の意味で完成させる責任感を持っていたか」ということが問題になります。ITシステム開発において、ベンダーの責任は、「言われたことをやる」ではなく、「開発したシステムがユーザーの仕事の役に立つ」ところまでです。だからこそ、要件定義書に書いていない定型外の業務にも対応したシステムを作る必要があるし、ユーザーに足りない知識があれば、これを提供し、ユーザーから命じられないでも、プロジェクトのリスクに気づいたら、その対処を自発的に考える必要が出てくるわけです。紛争やトラブルに遭遇するベンダーというのは、多くの場合、こうしたことができておらず、「言われていないからやらない」「聞いてないから知らない」という気持ちでいる会社が多いように思います。

　このことは第3章で書いた検収のときも同じです。ベンダーが目指すべきは検収書ではなく、「本当にユーザーが使えるものを提供したか」であることを裁判所も言っています。ほかの章で記したほぼすべてのことが、「ベンダーの気持ち次第で防げた」と言ってもよいでしょう。

　私は、これら過去のトラブルに触れることで、

「これらが、決して遠い世界の他人事ではないこと」
「自分たちが明日にでも遭うかもしれないリスクであること」

に気づいていただき、

　「本当に責任のある姿勢とは、どういうものなのか」
　「それを具現化した要件定義やプロジェクト管理をはじめとするITシステム開発とは、どのようなものなのか」

について考えていただければと思って、この本を書くことにしました。この本に書かれているさまざまな事件や、その対処法について、ぜひ、自分の組織やプロジェクトに当てはめて、「自分だったらどうするか」「なにに気をつければよいのか」を考えていただければと思います。
　最後になりましたが、この本は、アイティメディア社のWebメディア「＠IT」で連載している私自身の記事『「訴えてやる！」の前に読むIT訴訟徹底解説』を元に書きました。この本の作成にあたり、ご協力をいただきました同社の皆様には、厚く御礼申し上げます。

　　　　　　　　　　　　　　　　　　　　　　細川義洋

索引
Index

アルファベット

JP-CERT	204
SaaS	153
SAP	157
SQL インジェクション	198

あ行

アジャイル開発	110
アドオン開発	157
暗号化	196
異常系	110
委任範囲	115
ウイルス対策	196
ウォーターフォール開発	109
請負人	93
受入テスト	64, 104
請負契約	34, 93, 138
オフショア開発	142

か行

改正民法第 634 条	93
改正民法第 637 条	131
改正民法第 648 条	48
瑕疵	126, 131
瑕疵担保責任	107, 131
カスタマイズ	153
カスタマイズ要件	156
課題	139
監視	139
完成基準	136
機能要件	92
基本契約書	17
協業	92
業務上横領罪	181
業務知識	67
業務フロー	81
業務要件	92
業務用語	68
クラウド	153
契約書	111, 168, 177
契約の目的	76
契約破棄	201
原因調査の計画	106
検収	98
検収書	99
検証	119
合意文書	21
合格基準	140
個人情報	213
個人情報漏えい	195
個性	166
コピーライト句	168
個別契約	17
コンティンジェンシー予算	60

さ行

債権 21
再見積もり 87
債務 21
採用通知 24
作業範囲 116,136,144
システム化の目的 98
システム担当者 68
システムテスト 109
システムの品質 107
システム要件 92
下請け 135
実装 104
準委任契約 48,62
譲渡権 169
情報システム・モデル取引・
　契約書 21
商法第512条 37
情報提供 83
情報漏えい 194
初期調査 127
職務著作 181
進捗 139
スクラッチ開発 153
ステアリングコミッティ 38,151
成果物 93,113
性能検証 104
性能要件 92
制約事項 71
セキュリティ 194,199
セキュリティ要件 92
設計者 103
設計書 88
前提条件 71
操作性要件 92
ソフトウェア開発委託基本モデル
　契約書 177
ソフトウェアの完成基準 105
ソフトウェアの仕様 88
損害賠償 57,89,124,211
損害賠償請求 89

た行

対応計画 128
対応方針 139
対象業務 77
代替策 141
貸与権 169
妥当性確認 104
知的財産権 192
注文者 93
著作権 162
著作権法 166
著作権法第2条 165
著作権法第15条 181
著作者 183
著作物 165
追加見積もり 36
提案 42
提案依頼 42
定型外作業 78
データベース 196
テスト 99
テストケース 105,112
テスト報告書 108
展示権 169
独創性 166
特許権 192

な行

納入物の所有権 177
納入物の著作権 177
納品物 93

は行

派遣契約 158
パックマン事件 172
パッケージソフト 153,159
パッケージベンダー 153
頒布権 169
ヒアリング 81
引き継ぎ 71
非機能要件 92
品質計画 139
不具合 101,106
複製 188
複製権 168
不法行為 57,207
ブレインストーミング 119
プログラマー 103
プロジェクト管理 63
プロジェクト管理義務 57
プロジェクト計画 44
プロジェクト承認者 72
プロジェクト中止基準 90
プロジェクトマネージャー . . . 72,149
プロジェクトリスク 72
プロトタイプ 88
変更管理 87
ベンダーの専門家責任 197,199
ベンダーのプロジェクト管理義務 . . 57
補修 107
翻案 188

ま行

丸投げ 137
未決事項管理 119
未決事項同士の依存関係 120
見積もり 118
無償契約 86
元請け 135

や行

役割分担 72,117
ユーザーの協力義務 65,83
要件定義 18,52
要件定義書 17,100
要件の十分性 102
要件の詳細性 103
要件の正確性 103
要件の妥当性 103
要件の追加・変更 32,53
要件の優先順位付け 70
要件変更の影響度合い 84

ら行

リスク 139
レビュー 112

細川義洋
Hosokawa Yoshihiro

ITプロセスコンサルタント。政府CIO補佐官。

1964年神奈川県横浜市生まれ。立教大学経済学部経済学科卒。大学を卒業後、日本電気ソフトウェア（現NECソリューションイノベータ）にて金融業向け情報システムおよびネットワークシステムの開発・運用に従事した後、2005年より2012年まで日本アイ・ビー・エムにて、システム開発・運用の品質向上を中心に、ITベンダー及びITユーザー企業に対するプロセス改善コンサルティング業務を行う。現在は、ITプロセスコンサルタントとして、ITベンダーやユーザー企業にITシステム開発の品質向上を支援するほか、経済産業省において電子行政推進を支援している。

著書に『プロジェクトの失敗はだれのせい？』（技術評論社）、『なぜ、システム開発は必ずモメるのか？ 49のトラブルから学ぶプロジェクト管理術』『「IT専門調停委員」が教えるモメないプロジェクト管理77の鉄則』（日本実業出版社）。

お問い合わせについて

本書に関するご質問については、本書に記載されている内容に関するもののみとさせていただきます。本書の内容と関係のないご質問につきましては、一切お答えできませんので、あらかじめご了承ください。

ご質問はFAXか書面にてお願いいたします。電話での直接のお問い合わせにはお答えできません。あらかじめご了承ください。下記のWebサイトでも質問用フォームをご用意しておりますので、ご利用ください。

ご質問の際には、以下を明記してください。

・書名　・該当ページ　・返信先

お送りいただいたご質問には、できる限り迅速にお答えできるよう努力いたしておりますが、場合によってはお答えするまでに時間がかかることがあります。また、回答の期日をご指定なさっても、ご希望にお応えできるとは限りません。あらかじめご了承くださいますよう、お願いいたします。

問い合わせ先

宛先　〒162-0846　東京都新宿区市谷左内町 21-13
　　　株式会社技術評論社　第5編集部　「成功するシステム開発は裁判に学べ！」係
FAX　03-3513-6179　Web　http://gihyo.jp/book/2017/978-4-7741-8794-5

成功する
システム開発は
裁判に学べ！

HANDBOOK FOR
SUCCESSFUL SYSTEMS
DEVELOPMENT

契約・要件定義・検収・
下請け・著作権・情報漏えいで
失敗しないためのハンドブック

装丁・本文デザイン・DTP　新井大輔

編集　西原康智

2017年3月21日　初版　第1刷発行
2025年4月18日　初版　第2刷発行

著者　細川義洋

発行者　片岡巌

発行所　株式会社技術評論社
　　　　東京都新宿区市谷左内町21-13
　　　　電話　03-3513-6150　販売促進部
　　　　　　　03-3513-6170　第5編集部

印刷・製本　株式会社加藤文明社

定価はカバーに表示してあります。
本書の一部または全部を著作権法の定める範囲を超え、無断で複写、複製、転載、テープ化、ファイルに落とすことを禁じます。

©2017　細川義洋

造本には細心の注意を払っておりますが、万一、乱丁（ページの乱れ）や落丁（ページの抜け）がございましたら、小社販売促進部までお送りください。送料小社負担にてお取り替えいたします。

ISBN978-4-7741-8794-5　C3055
Printed in Japan